イノベーティブな
ソフトウェア・サービスを
生み出す5つのステップ

# ラディカル・
# プロダクト・
# シンキング

**ラディカ・ダット** 著

曽根原春樹 監訳

長谷川圭 訳

SE
SHOEISHA

# 本書内容に関するお問い合わせについて

このたびは翔泳社の書籍をお買い上げいただき、誠にありがとうございます。弊社では、読者の皆様からのお問い合わせに適切に対応させていただくため、以下のガイドラインへのご協力をお願いいたしております。下記項目をお読みいただき、手順に従ってお問い合わせください。

### ●ご質問される前に

弊社 Web サイトの「正誤表」をご参照ください。これまでに判明した正誤や追加情報を掲載しています。

正誤表　https://www.shoeisha.co.jp/book/errata/

### ●ご質問方法

弊社 Web サイトの「刊行物 Q&A」をご利用ください。

刊行物Q&A　https://www.shoeisha.co.jp/book/qa/

インターネットをご利用でない場合は、FAX または郵便にて、下記 "翔泳社 愛読者サービスセンター" までお問い合わせください。
電話でのご質問は、お受けしておりません。

### ●回答について

回答は、ご質問いただいた手段によってご返事申し上げます。ご質問の内容によっては、回答に数日ないしはそれ以上の期間を要する場合があります。

### ●ご質問に際してのご注意

本書の対象を超えるもの、記述個所を特定されないもの、また読者固有の環境に起因するご質問等にはお答えできませんので、あらかじめご了承ください。

### ●郵便物送付先およびFAX 番号

送付先住所　〒160-0006 東京都新宿区舟町5
FAX番号　　03-5362-3818
宛先　　　　（株）翔泳社 愛読者サービスセンター

# 監訳者序文

　世界競争力ランキングというものが毎年スイス・ローザンヌに拠点を置くビジネススクール・国際経営開発研究所（IMD）から発表されている。企業が競争力を発揮できる土壌が整備されているかを幅広い項目から洗い出している。2021年度版を見ると日本は対象64カ国中31位、ここ3年は30位台を推移しているが、25年前は世界5位であったことはほとんど知られていない。

　とくに目を引くのは、「変化に対する柔軟性や適応性」「企業におけるデジタルトランスフォーメーション」の項目が60位台であることだ。私は日本の未来をつくっていく各分野・各世代のプロフェッショナルのみなさんに、これが日本の "Status Quo（変わらぬ現状）" とあきらめてほしくない。"Software is eating the world.（ソフトウェアを制するものは世界を制す）" と言われ始めたのが2011年。以降、デジタルプロダクトという新たなものづくりが世界的に加速する時代にあって、これまでとは異なる手法やマインドセット、思考様式が必要となった。

　この最たる例がプロダクトマネジメントだ。これは有形無形にかかわらず、プロダクトという形で変化を起こすための仕組みをつくり、ユーザーがこれまで当たり前と思っていた選択肢のなかにはない新しい価値を提供し続けてユーザーの問題を解決していくことである。

　さまざまなご縁やサポートに恵まれて、私は世界のイノベーションの震源地であるシリコンバレーでプロダクトマネジメントの最前線を10年以上歩むことができている。こうした経験をもとに『プロダクトマネジメントのすべて』（翔泳社）を2021年に刊行して以来、みなさんのご支援のもとプロダクトマネジメントの考え方を受け入れる裾野が確実に広がってきているのを日々感じている。

　そのなかで、プロダクトマネジメントを実践するうえで最も大事な部分は何か？ と聞かれれば、迷うことなく「プロダクトの世界観」だと答える。いわゆるプロダクトビジョンだ。どのようなユーザーのどんな

問題を、どんな価値を提供し続けることで解決していくのか。そのプロダクトが広がった先にユーザーの世界はどのように変わるのか。ハードウェアであれソフトウェアであれ成功している現代プロダクトと、「よいものをつくれば売れる」思考のものづくりの最大の違いは、この世界観へ共感してくれる顧客に「行動変容」を促し続けられるかどうかである。

　現在私がプロダクトマネジメントの一翼を担っているLinkedIn社のプロダクトを例にとろう。ビジョンは"Create economic opportunity for every member of the global workforce.（世界で働くすべての人のために、経済的なチャンスをつくり出す）"である。このプロダクトが世界に広まったあかつきにはユーザーが望むキャリアを手にしたり、経済的なチャンスを見つけたり活かすことができる世界を目指している。

　実際にこのプロダクトを使い続けたユーザーは就職や転職に成功したり、フリーランスであれば新たな仕事を見つけたりと行動変容が起こっている。私自身もそれを体感し続けてきた一人だ。プロダクトの目指す世界観とユーザー自身の目指したい方向が一致していくと、さらにユーザーはプロダクトと共に生きるようになる。そして現在、LinkedInは世界で8億人を超えるメンバーを200以上の国と地域に抱えるに至った。

　こうした姿勢を本書では「ビジョン駆動型」と表現している。ラディカル・プロダクト・シンキングはこれまでのものづくりのありかたやDXを活用した価値づくりのありかたを、ビジョン駆動型にアップデートしていく方法や組織・文化のありかたを豊富な具体例とともに紹介してくれる。プロダクトマネジメントを理解する一助として、またみなさんのプロダクトマネジメントをより実践的に磨き込むきっかけや、洗練されたプロダクト組織をつくる指針としてきっとお役にたてるはずだ。

　最後に監訳をサポートしてくれた家族や関係者のみなさんに深く感謝すると共に、私のプロダクトマネージャーとしての座右の銘を紹介して締めくくりたい。


Question the assumption, Challenge the status quo!
前提を疑い、現状維持に挑戦しよう！


曽根原春樹

5

# 目次

# 第 1 部
# イノベーションのための
# 新しいマインドセット　　　31

## 第 1 章
## ラディカル・プロダクト・シンキングが必要な理由　32

## 第 2 章
## プロダクト病――優れたプロダクトが腐敗するとき　56

# 第2部
# ラディカル・プロダクト・シンキングの5大要素　73

## 第3章
## ビジョン──変化を想像する　74

## 第4章
# 戦略──「なぜ」「どのように」行うか

## 終章
# ラディカル・プロダクト・シンキングが世界を変える　244

# 序章

# ラディカル・プロダクト・シンキングとは何か

## ビジョンよりも目先のことを優先してしまう現実

　1世紀以上にわたって、世界を変えるほど画期的なプロダクトをつくるのは、ヘンリー・フォード、スティーブ・ジョブズ、ビル・ゲイツ、リチャード・ブランソンなどといった、ほんの一握りの先見の明のある野心家たち、いわゆるビジョナリーの特権だと考えられてきた。

　そうした例外的なリーダーたちは巨大なゴールを設定して、そこにたどり着くための方法も知っているともてはやされ、ビジョンに導かれて成功を収める才能を生まれつき持ち合わせているのだと思われていた。

　彼らリーダーはビジョンがあったからこそ、世界を変えるほどのプロダクトをつくることに成功した。そこで多くの企業がこの点を見習い、ビジョンステートメントを作成するようになった。しかし、あるアイデアを構想から実現にまで導くのはどうやらかなり難しいようで、画期的なプロダクトを世に送り出すことに成功した企業（あるいは個人）はわずかでしかない。

　ビジョンを追うことが大切だとわかっているのに、私たちはついつい

同じことを繰り返してしまう。組織内でイテレーティブ（反復的）な活動に陥ったことのある人なら、自分が目先のことばかりに意識を奪われ、結果的に大きな機会を見逃しているような気になったことがあるだろう。要するに、ビジョンをもつだけでは不十分で、大切なのはビジョン駆動型のアプローチを身につけることだ。そのためには新しいマインドセットが欠かせない。

## ボーイング737MAXの欠陥

　ビジョン駆動型のアプローチとイテレーティブ型のアプローチの違いを理解するために、ボーイング737MAXの開発を例に見てみよう。同機は2019年の3月に全世界で運行禁止になった。わずか5カ月のあいだに製造後まもない2機が立て続けに墜落し、346人の犠牲者を出したからだ。

　ボーイング737が就航を開始したのは1968年のことだった。737を40年間つくりつづけてきたボーイングのエンジニアたちは、同機の時代が終わりに近づいていることに気づいていた。737は機体の高さが低いことが特徴で、貨物の積み下ろしが手作業だった時代にはとても好都合な長所だったのだが、近年ではそれが欠点になっていた。両翼の下に搭載するエンジンのサイズが限られるからだ。

　すでに1990年代から、ボーイングは大型のエンジンを737に積もうと躍起になっていた。たとえば737ネクストジェネレーションと呼ばれるタイプの機体では低いフレームの下に設置するために、エンジンを卵形

にする必要があった[注1]。

　この時点で、ボーイングには長期的なビジョンを追い、737に取って代わるまったく新しい機体を開発する道を選ぶこともできただろう。しかし、新型機「ドリームライナー」の研究開発に数十億ドルを費やしたばかりだったこともあり、ボーイングは1970年代からベストセラーだった737がもたらす利益に頼りつづけた。同社の経営陣は、新しいナローボディ型の機体を求める市場の声への対応を先送りにしたのである。

　この隙間を埋めたのがライバル社のエアバスで、燃料効率を20パーセント上昇させたA320neo型機を市場に投入した。ボーイングにとって最大にして最重要の顧客であるアメリカン航空がA320neoの導入を決めたとき、ボーイングは迅速な対応を迫られた。

　そこで2011年8月、同社は既存の737の型を再利用して新型の737MAXを製造することにした。737をまたもアップグレードするという決断を聞いてエンジニアたちはうんざりしたが、短期的なビジネス目標を達成するにはしかたのないことと理解した。このイテレーティブな取り組みにより、新機種をゼロから開発した場合の半分の時間と10パーセントから15パーセントほどの費用で新機種をつくり、認可を得ることができたであろう[注2]。

　しかし、737に大きくてパワフルなエンジンを積むのは容易なことではなかった。機体の低い737に合わせて、エンジニアはエンジンをアップグレードする必要があった。ところが都合の悪いことに、エンジンを変えると機体の挙動が不安定になった。機首が上を向きやすくなり、そのせいで速度が出ないのだ。

　この問題に対処するために、ボーイングはMCAS（操縦特性補助システム）と呼ばれる自動失速防止機構を用いて、機体が失速しそうになっ

たときに機首を下に向ける仕組みを追加した。しかし、ライオン・エア
とエチオピア航空の飛行機が墜落し、346人の犠牲者を出したとき、こ
のMCASが事故の原因として非難されたのである。


## ローカルマキシマムか、グローバルマキシマムか


　ボーイングは市場の圧力に屈して、イテレーティブなプロダクト開
発の道を選んでしまった。737MAXの開発に際して、ボーイングはい
わゆる**ローカルマキシマム**（局所的な最適化）と呼ばれるものを見つけ
た。エアバスに主要顧客が流れていくことを防ぐための短期的な最適解
を導き出したのだ。しかしながら、ボーイングはそのプロセスにおいて
「安全で信頼性の高い飛行機をつくる」という最も重要であるはずの点
を見落としてしまった。

　ボーイングが本当に必要としていたのは、まったく新しい機体の開発
への投資、つまりビジョン駆動型のアプローチだった。自社、利用客、
そして各航空会社の3者にとって最適な長期ソリューション、いわゆる
**グローバルマキシマム**（全体的な最適化）を目指すべきだったのだ。

　ローカルマキシマムを見つけようとする行為は、たとえるなら、チェ
スで負けそうになっているときに一部のピースだけを眺めながら最善の
手を考えるようなこと。対照的に、グローバルマキシマムを見つけると
は、チェス盤全体を眺めながら長いゲームにとって最高の一手を打つこ
とを意味する。そのためには、自分が追い求めるビジョンと、それを実
現するための計画が必要だ。

ボーイングはビジョンステートメントこそ発表していたが、肝心のビジョンがグローバルマキシマムのなかで語られるべき核心をついていなかった。イテレーティブ型のアプローチは多くの場合で、ビジネス目標にもとづくおおざっぱなビジョンにつながる。たとえば、「……分野で最高になる」や「……に革命を起こす」などだ。

　2018年の『年次報告』でボーイングはこう宣言している。「我々の目的と使命は、航空宇宙技術のイノベーションを通じて世界を結び、守り、探索し、刺激することである。航空宇宙産業界で最高の企業となり、業界のグローバルチャンピオンの座に君臨しつづけることを目指している」[注3]。このような漠然とした意志表明は、旅に出るときに「さあ、北へ向かって最高の旅をしよう」と言っているようなものだ。

　長期的なゴールを思い描くことができなければ、短期的なニーズに目を奪われ、そこに向かって進んでしまう。ボーイングは737の型を何十年にもわたって再利用することで短期的な業績に焦点を合わせただけでなく、2013年から2019年の第1四半期にかけて430億ドルを投じて株の買い戻しを行ったことで、利益も短期的に最適化した[注4]。

　ドリームライナーをゼロから開発するのに、ボーイングは8年間で320億ドルを投じたと言えば、買い戻しの規模の大きさがよくわかるだろう。最高の旅をするという大まかなビジョンでは、焦点は目の前の目標にしか合わない。

　しかしこれまでの長い年月、私たちはおおざっぱで野心的なビジョンがプロダクトと企業を成功に導く鍵だと学んできた。その際、短期目標への近視眼的な焦点も、ほぼ避けようのない当たり前のこととして受け入れてきた。調査によると、1980年代以降、全体的な傾向として、企業は短期志向の度合いを強めてきたそうだ[注5]。

組織計画の対象期間が短くなるにつれ、企業は短期的な利益を得るための投資機会を、つまりローカルマキシマムを探すようになった。


## ゼネラル・エレクトリックが陥った罠


　ゼネラル・エレクトリック（GE）の掲げた「参入しているすべての市場でナンバー1か2になる」という目標がそのようなビジョンの模範とみなされた。CEOになってすぐ、ジャック・ウェルチは「成長の遅い経済で迅速に成長する」というタイトルでスピーチを行い、「GEは牽引される列車ではなくGDPを引き上げる機関車となる」と宣言した。

　そして、ナンバー1か2になるという目標を達成できない事業部門は刷新したり売り払ったりすることで、利益を増やしつづける計画だと発表したのである。このスピーチが強力な引き金となって、マネジメントスタイルの重点は一気に短期業績の方向へと傾いたのだった[注6]。

　ウェルチがCEOの座に就いた1981年には250億ドルだったGEの収益は、退任した2001年には1300億ドルに増えていた。不幸なことに、この驚異的な成功の大部分は短期主義によってもたらされたものである。

　膨らみつづけるアナリストたちの期待に四半期ごとに応えるため、ウェルチは頻繁に、GEキャピタルの増えつづける収益をほかの部門の低迷事業の補填に当てた。ウェルチが1981年にトップに立つ前、GE全体の純利益に占めるGEキャピタルの割合はわずか6パーセントにすぎなかったが、それが1990年までに24パーセントに増えていた[注7]。

　1991年、GEは時価総額で最大の企業になった。株式市場はGEの旅を

高く評価したのである[注8]。ウェルチが2001年に引退したとき、GEは101四半期連続で成長を続け、GE全体の利益に占めるGEキャピタルの比率は42パーセントにおよぶと発表した。

ウェルチのあとを継いだジェフリー・イメルトも最善を尽くして成長を続けようとした。9・11同時多発テロ事件後の不況のさなか、全社の収益に対するGEキャピタルの重要性がさらに高まった。

住宅市場が活気づいていた2004年、GEキャピタルのさらなる成長を促すために、GEはWMC社を5億ドルで買収した。GEにはWMCが革新的な会社に見えたのである。WMCはサブプライムローン業者として6番目の大きさで、「住宅ローン担保証券」と呼ばれる商品を扱っていた。

2007年、サブプライム住宅ローン危機のあおりを受けたGEは10億ドルを失い、のちに司法省から金融危機におけるGEの関与に対して15億ドルの罰金の支払が求められた。その後、司法省との和解が成立し、GEキャピタルのポートフォリオの大部分を売り払うまで、10年以上にわたってサブプライム危機の余波がGEを苦しめつづけた。

どの市場でもナンバー1か2になるというビジョンを掲げていたGEは、明確な目標のないまま旅をしていたのである。市場でさえGEの主要事業について混乱していて、2005年には同社を製造業から金融業に分類し直したほどだ。イテレーティブ型のアプローチが、GEを私たちの知る電球会社からサブプライム住宅ローン会社へと拡大させたのである。

イテレーティブ型アプローチを採用することで、多くの場合でプロダクトの潜在能力が完全には発揮されなくなる。結果として、プロダクトは肥大化したり、断片化したり、方向性を見失ったり、不適切な指標に振り回されたりしやすくなる。

## ツイッターが掘り当てた金脈

　しかしときには、ローカルマキシマムを目指すそのようなイテレーティブ型のアプローチが金脈を掘り当てることもある。そのような成功例があるため、このアプローチはビジネス慣行に深く根付いていったのである。ツイッター（Twitter）の誕生がその好例だろう。

　同社は、もとはオデオ（Odeo）という名で2005年にポッドキャスト企業として設立された。しかしその年の秋にアップルがビルトインタイプのポッドキャスト用プラットフォームを搭載したiTunesを発表した。この出来事により、オデオの未来が閉ざされたのは明らかだった。

　創業者たちが従業員に新たなビジネスのアイデアを募ったとき、オデオでエンジニアとして働いていたジャック・ドーシーが、人々が最新の情報をグループと共有できるプラットフォームのアイデアを披露した。

　ユーザーに好評だったこのアイデアのイテレーティブ型アプローチから、マイクロブログのプラットフォームとしてツイッターが発展したのである。オデオの失策に対応するためにローカルマキシマムとして大急ぎでつくったツイッターが、たまたま金脈を掘り当てたのだ[注9]。

　イテレーティブ型アプローチの成功例は読んでいて楽しいかもしれないが、このアプローチを用いて大儲けにつながったプロダクトがひとつあれば、その裏にはメディアで報道されることすらない無数の失敗作の墓場が広がっている。

## 著者も陥ったイテレーティブの罠

そう言う私も、イテレーティブの罠にはまったことがある。ドット
コムバブルで好景気が続いていた2000年、私は共同創業者として初め
てロビー7というスタートアップを立ち上げた。「ワイヤレス革命」を
ビジョンとして掲げ、Wi-Fi接続機能をもつ携帯電話や携帯情報端末
（パームパイロットのようないわゆるPDA端末）向けにワイヤレスアプ
リケーションを開発した。

私たちはサービス企業だったのでさまざまな業界でニーズを探ること
ができた。そうやってキラーアプリを見つけたのである。次に、そのキ
ラーアプリに集中するために、企業の重心を製造に移す。今の言葉に置
き換えるなら、**プロダクトマーケットフィット**（顧客を満足させる製品
を正しい市場に提供していること）を見つけるまでイテレーティブ型ア
プローチを続けることが、私たちの計画だったのだ。

クライアントのためにワイヤレスアプリをつくるという旅の途上で、
私たちは電話にキーボードやタッチスクリーンがないと、どんなアプリ
もとても使いづらいという事実に気づいた。文字を入力するために数字
キーを使うのは時間のかかる作業だった。

スマートな技術者集団だった私たちは、「音声とテキストの両方を
使ってデバイスと対話できないだろうか？」と考えた。だが、当時のデ
バイスは音声認識ができるほどの演算能力が備わっていなかったので、
実現するのは難しかった。それでも私たちは数々のハードルを乗り越
え、携帯電話上で音声認識を可能にした主力プロダクトを開発したので
ある。いわば、シリ（Siri）の前身だ。

資金提供を受けているほかの多くのスタートアップと同じで、私たちも何がうまくいきそうかを見定めるために、数多くのプロダクトとビジネスモデルを次々と、つまりイテレーティブに試した。最終的に面白い技術の開発には成功したが、不況を乗り切ることはできなかった。イテレーティブを繰り返すうちに資金が尽き、ロビー7は音声認識技術目当てで買収された。

　ロビー7で一攫千金とはならなかったが、私は貴重な教訓を得た。同様にイテレーティブだったふたつのスタートアップにかかわったあと、私は2003年にアビッド・テクノロジーの放送部門に加わることになった。そこで、プロダクトづくりに関してまったく違う戦略に出会った。


## アビッドのビジョン駆動型アプローチ


　アビッドの名はハリウッドの映画スタジオ界隈で広く知られていた。アカデミー賞にノミネートされる映画のほとんどすべてが、同社の「Avid Media Composer」というソフトウェアで編集されていたからだ。

　そして当時、アビッドはソニーによって支配されていた放送ニュース市場に参入しようとしていた。2003年のテレビニュース素材はいまだテープに録画されていて（そのほとんどがソニー製のテープ）、ソニーの機器を使って放送用に編集されていたのだ。アビッド・ブロードキャストの責任者だったデビッド・シュライファーは、「完全にデジタルなニュースルームでテレビニュース制作を一変させる」というビジョンを抱いていた。

ニュースを編集する際、制作スタッフはストーリーに文脈やインパクトを付け足すために、関連する古いニュースを探して、その一部を抜粋して編集に加える。しかし、ほかのチームがつくったビデオテープを手に入れるのも困難だったし、望み通りの映像を見つけるのも、それを新しいニュースに組み込むのも容易ではなかった。

　ライバル企業のほとんどはテープ中心のワークフローをそっくりそのままデジタルのフォーマットに置き換えようとしたが、私たちはデジタルプロダクト群を新たに開発することで、まったく斬新で、しかも以前よりはるかに容易なワークフローを提供することをもくろんだのである。デビッドは、もし魅力的なプロダクトの開発に成功できれば、どの放送局もいっせいにテープに別れを告げるだろうと確信していた。

　私たちはプロダクト群を段階的に開発し、およそ1年にひとつのペースで新プロダクトを追加していった。データストレージの「Avid Unity」、ビデオの検索および共有ツールである「Avid Media Manager」、ストーリーを放送用に準備するための「Avid Airspeed」などだ。

　開発は慎重かつ着実に進み、劇的な転換点もなかった。私たちはビジョンステートメント用の覚えやすいスローガンを繰り返すのではなく、困難をしっかりと理解して克服することで前進を続けた。

　唯一の問題は、そこで働く私たち自身が、アビッドは私たちの仕事にあまり積極的に投資していない、と感じていた点だろう。開発リソースの不足を補うため、私たちは顧客の力を借りることにした。まったく新しいデジタルワークフローの価値を理解し、そのために追加料金を支払うことをいとわない顧客とパートナーシップを結ぶことで、機能を追加していったのである。

　顧客と密接な関係を結び、ワークフローに対する顧客のニーズを探

り、プロダクト群に欠けている要素を見定めることが、私の役割だった。隙間が見つかれば、それを埋めるための追加機能を開発する。要するに、私たちにとっては顧客が研究開発部門の役割を担っていた。

しかし明確なビジョンがなければ、このやり方が成功する可能性は低いと言える。ひとりの顧客が求めるニッチな機能を付け加える作業に追われることになるからだ。すべての顧客のそれぞれに100パーセントカスタマイズした機能を提供していては、売上の増加を通じてローカルマキシマムを見つけることはできるだろうが、総合的なプロダクト開発という点では意識が散漫にならざるをえない。カスタマイズされたプロダクトは長期的に生きつづけることはないだろうから、長い目で見れば、顧客にとっても不利になる。

そこで私たちは代替案として、私たちのビジョン——テープの不便さを解消してテレビニュース制作に変革を起こす手段としてのデジタルワークフロー——を買うように顧客を説得した。

それからの5年でアビッドは放送市場を支配し、ほぼすべてのテレビニュース制作会社（アメリカのNBC、CBS、ABC、カナダのCBC、イギリスのBBCやITVなど）がアビッドのプロダクト群を使うようになった。デビッド・シュライファーのビジョン駆動型戦略が功を奏したのである。

興味深いことに、人々との交流の場でもこの戦略の成功が実感できた。アビッドでは、ちょっとした飲み会やパーティーがあると、社のプロダクトや経営決断に関する議論が熱くかつ友好的に繰り広げられる。

数年後、アビッドの元従業員たちの集会が開かれたときも、私たちは古巣について熱心に語り合った。一方のロビー7では、スタッフが集まっても仕事の話はあまりしなかった。イテレーティブに追われていた

私たちは、目的に対する深い信念を持ち合わせていなかったのだ。


## ビジョンを日々の行動に落とし込むこと


　念のために記しておくが、イテレーティブ型アプローチを批判しているからといって、イテレーティブの大切さを否定するつもりはない。この10年、私たちはアイデアを直接市場で次々とテストしながら顧客の望みを理解し、プロダクトを迅速に改良すること、言い換えれば、フィードバック駆動のイテレーティブが有効であることを知った。つまり、イテレーティブの力を利用する方法を学んできた。

　しかしながら、ビジョン駆動型のアプローチは、今のところまだ確立していない。その結果、イテレーティブな能力が私たちの旅の移動を速めてくれたのに、目的地の設定やそこまでナビゲートする能力のほうが、その進歩に追いついていないのである。

　もしあなたが「北へ向かって最高の旅をする」というおおざっぱなビジョンをもっているのなら、フィードバックにもとづくイテレーティブ型のアプローチで、あなたはボストンに、場合によってはトロントにたどり着けるかもしれない。一方、ビジョン駆動型のアプローチを用いれば、ビジョンがイテレーティブを駆使してあなたを望みの場所に運んでくれるだろう。

　これまで、ビジョン駆動型のアプローチに通じる道には霧がかかっていた。優れたビジョンとは野心的でBHAG（Big Hairy Audacious Goal：巨大で困難で大胆な目標）でなければならないという認識が一般

にあるが、この考えがこれまで多くの人を道に迷わせてきた。とにかく何らかのビジョンがあればビジョン駆動型のプロダクトをつくれる、というわけではない。ビジョンづくりに根本的に挑まなければならない。

大切なのは、優れたビジョンをもち、それをシステマティックに日々の行動に置き換えること。短期的なビジネスニーズと長期的な目標は競合することが多い。そうなると、意識が短期的なビジネスニーズに奪われるので、ローカルマキシマムを優先し、グローバルマキシマムを見失いやすくなる。つまり、ビジョンができたなら、ビジョンを追いつづける態勢を整えなければならない。

本書は、ビジョン駆動型のプロダクト開発を行い、よりスマートにイノベーションを起こすのに欠かせないマインドセットを手に入れる方法を示す。

プロダクトリーダーになる道のりで、私は役職や業界に関係なく、誰もがプロダクト思考を身につけ、系統だったやり方でプロダクトを開発することができると気づいた。私は、メディアとエンターテインメント、広告技術、研究、統治、パブリックアート、ロボット工学、ワインなど、さまざまな分野でプロダクトを開発してきた。

実際、私が請け負ってきた仕事のどれもが、それぞれ異なる業界に属していたと言える。私が担ってきた役職も、マーケティング、戦略、プロジェクト管理、運営、CEOなど、同じように多岐にわたっている。そうしたさまざまな経験を通じて、私は**プロダクトとは役職や職務ではなく、考え方**なのだと理解した。

非営利組織、政府機関、サービスプロバイダー、研究部門、ハイテクスタートアップ、フリーランス……どこで働いていようと、そこにはプロダクトがある。具体的な物品や仮想的なモノだけを製品（プロダクト）とみなす考え

方はもう古いのだ。

**ラディカル・プロダクト・シンキングとは、世界にどんな変化をもたらしたいかを考えながらグローバルマキシマムを探し求める態度**を指す言葉だ。したがって、あなたのつくるプロダクトはその変化をもたらすための改善可能なシステムである。

ラディカル・プロダクト・シンキングでは、プロダクトはそのプロダクトが引き起こすべき変化のビジョンによって導かれる。ラディカル・プロダクトはビジョンから生まれ、明確な理由があって存在する。この存在理由が戦略や優先順位、そして実行計画と組織の文化を決定する。

ラディカル・プロダクト・シンキングが組織にこのマインドセットを育むガイドとなり、最終的には誰もがビジョン駆動型のプロダクトをつくれるようになる。

## 本書自体が変化を促すためのプロダクト

本書は3つの部で構成されている。序章では、イテレーティブ型アプローチの欠点を示し、世界を変えるプロダクトをつくる新しい方法に意識を向けるためにいくつかの例を挙げた。

第1部では、ビジョン駆動型のプロダクトがどのように変革をもたらすのかを説明し、ラディカル・プロダクト・シンキングがあなたの組織でも必要であることを明らかにする。第1章は世界を変える力をもつビジョン駆動型プロダクトを体系的に開発する方法を示しながら、そのアプローチを紹介する。第2章では、優れたプロダクトの実現を妨げる

壁、いわば**プロダクト病**をよりよく理解するのに必要な共通の語彙を用意する。これらを知れば、最も用心が必要な領域を診断し、ビジョン駆動型プロダクトの開発をうまく進めることができるだろう。

第2部では、ラディカル・プロダクト・シンキングのアプローチを簡単に習得し、その考え方を組織全体に広めるための実践的なステップを紹介する。第3章から第7章までを読めば、誰もがラディカル・プロダクト・シンキングの5大要素——ビジョン、戦略、優先順位づけ、実行と測定、文化——をうまく使えるようになるだろう。

各章でひとつずつ実用的なツールを紹介している。ひとまず本書全体を読み通してから、自分にとって最も有益と思われるツールを選んで、使ってみるのがいいだろう。また、ツールは本書の章の順番どおりに使う必要はない。たとえば、自らの戦略を立てる段になって、少し後戻りしてビジョンを修正する必要が出てくるかもしれない。

これらの章ではテンプレートも紹介する。「RadicalProduct.com」からツールキットをダウンロードして、本書と並行して使うと便利だろう。

各ツールの目的は、ラディカル・プロダクト・シンキングを習慣的に利用し、そのスキルを体に覚え込ませることにある。そこまでして初めて、あなたは意識せずともラディカル・プロダクト・シンキングを活用し、同僚が同じ能力を得る手助けができるようになるだろう。

第3部では、ビジョン駆動型プロダクトの開発というスーパーパワーに伴う責任について論じる。第8章では**デジタル汚染**という考え方を紹介し、私たちのプロダクトが社会に意図せず及ぼす影響について説明する。第9章において、プロダクトにまつわる**ヒポクラテスの誓い**について論じながら、プロダクトの成功に伴う責任をどう果たすかについて考察する。

最後に終章として、本書で紹介した思考法を応用するためのきっかけとなるであろう例をいくつか紹介する。世界を変えるプロダクトを開発することは、ごく少数のビジョナリーなリーダーだけの特権ではない。私たちの誰もがビジョン駆動型プロダクトで変化を起こすことができるのだ。

　私は本書の執筆にもラディカル・プロダクト・シンキングを応用した。本書自体、変化を促すためにつくられたプロダクトなのだ。今の世界をあなたが生きたいと望む世界に近づけるために、これまでよりも格段に優れたプロダクトを開発する。その手助けをすることが私の目標だ。

　あなたの旅のガイド役を務めることを私は楽しみにしている。なぜなら、あなたが成功すれば、それは私自身も成功したことになるのだから。

Radical
Product Thinking

第 1 部

# イノベーションのための
# 新しいマインドセット

# 第1章

# ラディカル・プロダクト・シンキングが必要な理由

　世界にこんな変化をもたらしたい——その明確なイメージがビジョン駆動型プロダクトのスタート地点になる。そして、プロダクトマネジメントのあらゆる側面にそのビジョンが浸透しなければならない。

　ビジョン駆動型のプロダクトがイテレーティブ型のそれとはまったく異なっているという事実を示す優れたケーススタディとして、テスラ（Tesla）のモデル3とゼネラルモーターズ（GM）のシボレー・ボルトを比較してみよう。

　自動車の専門家として有名なサンディ・マンローがモデル3とボルトを分解して細部にいたるまで比較したのち、その結果を発表した。マンローは『オートライン・アフター・アワーズ』のインタビューに応じ、ボルトを「いい車」と評価した。

　これに対して、モデル3については興奮を隠さなかった。「テスラの場合、電子系統のデザインは最高、配線設計も最高、ドライビング体験も、モーターも最高だ。……外装以外はどれもすばらしい」。マンロー

がモデル3で問題視したのは外装だけだった。テスラ自ら問題を認めている部分だ。

マンローはテスラの「かつてないほど小さくて安価なのに、よりパワフルなエンジン」という革新技術をビジョン駆動型イノベーションの例として挙げた。マンローは電気モーターにはホール効果と呼ばれる現象が存在し、それを利用すればモーターを40パーセントほど速くすることが可能だという話を聞いたことがあると説明したうえで、その効果が電気自動車（EV）エンジンに用いられているのを初めて見た、と語った。

その時点で、EVエンジンにホール効果を応用したメーカーはテスラだけだったのだ。そのためにテスラは対極の磁石を高圧で接着するための斬新な製造プロセスを発明する必要があった。モデル3を分解するまで、マンローはそのような磁石を見たことがなかった。そのようなものを大量生産できる企業が現れるとは、想像もできなかった。

それに対して、GMがボルトの製造で用いたアプローチについて、マンローは次のように述べている。「GMには資金が不足しているため、自動車をゼロから設計することができない。だからスパークのシャシーを流用し、バッテリーをアウトソーシングすることで、迅速に自動車を市場にもたらしたのである」。言い換えれば、ボルト開発の際、GMはイテレーティブを用いてローカルマキシマムを見つけたのだ。

商業目的で電気自動車を製造するという競争においてテスラとGMが用いたアプローチの違いは、モデル3とボルトの背景にあるビジョンの違いから来ていることは明らかだろう。テスラのモデル3は、〝グリーンな〟車に乗ろうとするドライバーに性能面で妥協を強いることのない車を手に入れやすい価格で製造するというラディカルなビジョンが先行していた。GMのシボレー・ボルトは、1回の充電で200マイル（約320キロ

メートル）以上を走れるEVを市場に投入してテスラのモデル3を打ち負かすのが開発の動機だった。

　テスラは世界に変化をもたらしたいと願い、そのために必要なメカニズムとしてモデル3を開発した。これこそがラディカル・プロダクト・シンキングだ。この明確な目的がモデル3のすべての側面に反映されている。ひとつのチームがホール効果を用いることでかつてないほど効率的な電気モーターを設計し、別のチームが異なる極性をもつ新しい磁石を開発し、さらに別のチームがそれを斬新なマグネットに加工する方法を見つけたのだ。

　そして、そのようなさまざまな役割や戦術活動を、プロダクトに対するラディカルな考え方が——共通のビジョンとして——貫いている。マンローはモデル3の評価をこう締めくくった。「この車はほかとはまったく違う。これは改善などではない。革命だ」。

　プロダクトに対するラディカルなアプローチは、組織の構造に反映されることが多い。モデル3の冷却システムを例に見てみよう。バッテリーやキャビン、さらにはモーターも含めて、車全体を冷やす単一のシステムだ。効率を可能な限り高めるために、単一システムとして設計された。

　一方のボルトでは、従来の自動車と同じで複数のシステムがそれぞれ異なる自動車部分を冷却する。マンローが指摘したように、GMでは各種冷却システムのそれぞれが誰かの専門分野であり、不可侵領域なのだ[注1]。最近、GMの地元デトロイトでも単一冷却システムについて盛んに議論が行われているが、それを実現するには「あまりにも多くの境界線を越える」必要があるだろう。テスラではラディカルなビジョンが組織内の境界を越えて広がった。

# イテレーティブ型アプローチの使いどころが明暗を分けた

　GMは、ローカルマキシマムを見つけることには成功した。新車を短期間で市場にもたらしたのだし、その車は比較的安価なのになかなかのできだったのだから。一方テスラは、グローバルマキシマムを見つけた。画期的な自動車を開発し、それがメルセデスのCクラス、BMWの3シリーズ、アウディのA4の3車種を足したよりもよく売れたのだ[注2]。

　テスラは、目指すゴールに到達するための方法を〝修正（Refine）〟するためにイテレーティブを用いた。テスラの最初のイテレーティブはロードスターで、ノートパソコンのバッテリーに用いられていた市販のリチウムイオン電池6831個からなるバッテリーパックを搭載していた。現在のモデル3のバッテリーパックには、テスラがパナソニックとともに開発した電池が用いられている。

　マンローの見立てでは、すべてのEVのなかでテスラのバッテリーが最高の性能を誇る。走行距離、充電時間、搭載スペース、どの点をとっても一番だ。テスラはプロダクトに対してはイテレーティブに取り組んでいる。モデル3の外装に問題点があることを認め、ボディ設計や製造工程の改善を続けている。

　対照的に、GMは目標を修正するためにイテレーティブを用いる。スパークと同じシャシーを用いて、フロント部のエンジンレイアウトも同じにすることで、GMは最も得意とする分野（ガソリン自動車）を踏襲した。だから、ボルトは自動車の革命ではなく、進化形でしかありえないのである。

　「でも、EV分野ではテスラがもとよりリードしていた。もっと（イテ

レーティブの）時間を与えれば、GMもテスラと同じようにグローバルマキシマムを見つけるのではないだろうか？」と、あなたは思ったかもしれない。歴史の教訓から、この疑問にはこう答えることができる。

「長い時間をかけてイテレーティブを繰り返したところで、ビジョンに満ちたソリューションに出くわすことはない」のである。じつはすでに1996年に、つまりテスラが設立される以前に、GMは最初の電気自動車をリリースしていたのだ。

試験として、GMはカリフォルニアの顧客に対してEV1という電気自動車をリースした。顧客の評価はかなり高かったようで、責任問題や部品の製造中止などを理由にGMがこのプログラムをやめようとしたとき、顧客のほうがGMに小切手を送りつけて、それまでリースしていたEV1をGMには無リスクで買い取りたいと申し出てきたほどだった。オーナーたちはその車を手放したくない一心で、GMに保守サービスすら必要ないと訴えた。

それでもGMは小切手を送り返し、製品ラインの廃止を決めた。電気自動車には可動パーツが少なく、寿命が尽きるまでに部品交換が必要になるケースがあまり多くないからだ。GMの交換部品ビジネスにとってEV1は害悪だと判断したのである[注3]。

テスラよりも先にEVを開発しておきながら、GMはビジョンのないイテレーティブをよしとし、ローカルマキシマムで満足したと言える。皮肉なことに、GMがEV1計画をキャンセルしたのを見て、イーロン・マスクはテスラのスタートを決め、最後には野心的なモデル3の開発にたどり着いたのである。

欠点があるのは明らかなのにローカルマキシマムが魅力的に映るのは、ローカルマキシマムがあればチェス盤の自陣側の布陣を整えやすい

から。つまり、短期的な収益やビジネス目標を最大化するのに役立つの
だ。この理由から、GMもEV計画を放棄した。


## 財務指標とプロダクトの成功


1980年代から、株主の利益を最大にすることがあらゆる企業の最重要
目標であるという〝株主優先〟の理念がビジネス界に深く浸透した[注4]。
株主に最大限の利益をもたらすために力を尽くすのが企業（そして社
会）にとって最高の経営者だ、と学者たちは主張した。

多くの場合で、そのためにどの四半期でも利益と成長の点で株主の期
待に応える収益を得ることが求められた。言い換えれば、経営者はチェ
ス盤のごく一部だけを最適化するよう求められていたのである。

スタートアップも同じように、短期成果に力を注ぐよう強いられる。
投資家に事業の前進を示して次の資金調達ラウンドでいい結果を得るた
めには、スタートアップも財務、具体的には一般にKPIと呼ばれている
主要成果指標（ユーザー数、収益、成長率など）で迅速な成果を見せる
必要があるのだ。組織の大小に関係なく、あるプロダクトの成否は〝財
務KPI〟というたったひとつの要素で測られる。

エリック・リースの著書『リーン・スタートアップ』（日経BP）は、
プロダクトを市場でテストしながら何がうまくいくかを見つけ、それを
繰り返すことでより迅速なイノベーションが可能になると説いた。しか
し、何がうまくいくかを評価するには、必ず財務指標（おもに使用率や
収益）に注目するしかない。

あなたが思い描いている機能を顧客が気に入るかどうかが心配？
それなら、その機能をとりあえずリリースして、使用率を見てみよう。
そのようなイテレーティブ型アプローチで財務KPIを改善することは可
能だが、必ずしもそれが革新的なプロダクトにつながるわけではない。
チェス盤で、相手の駒のいくつかを倒すための手を尽くしたところで、
ゲームに勝てる保証はないのと同じだ。

　私の経験では、財務指標の改善を目指す態度は、皮肉なことにプロ
ダクト成功の妨げになることが多いようだ。2011年に出版されたとき、
『リーン・スタートアップ』は誰でもイノベーションを可能にすると約
束した。

　融資が豊富だった経済成長期には、テクノロジー業界で「どんどん失
敗して、どんどん学ぶ」という考えが広まった。同業界は綿密なビジネ
ス計画の策定に時間を費やすのではなく、〝実用最小限の製品（MVP）〟
をリリースして、テストして、改善することに力を入れるべきだと強調
した。

　通常、このリーンアプローチはアジャイル開発と組み合わされる。ア
ジャイルとはプロダクトを段階的につくりながらそのプロセスで得られ
るフィードバックをプロダクトの改善に活かす開発方式のことだ。リー
ンとアジャイルが併用されるとき、はっきりとしたビジョンがなくても
スタートできるという幻想が特に生じやすくなる。開発を続けているう
ちにビジョンが見つかるだろうと、考えてしまうのだ。

## リーンとアジャイルは目的地を示さない

　開発の途上でビジョンを見つけようとする態度の問題点は、ルイス・キャロルの『不思議の国のアリス』のなかで、アリスとチェシャ猫の会話を通じて見事に表現されている。

　「ねえ、教えて、ここからどっちへ行けばいいの？」

　「その答えは、君がどこへ行きたいかによって変わるよ」とその猫は言った。

　「どこへ行きたいかなんて、あまり考えていなかったわ……」とアリスは言う。

　「それなら、君がどこへ行こうと同じことさ」と猫は答えた[注5]。

　道中でビジョンを探すというのは、プロダクトという船に乗って北極星（North Star）の見えない海をさまようようなこと。波が、あるいはKPIが進む方向を決めてしまう。

　ビジネスリーダーは、さまざまな方向へ進もうとする数多くの強大な力にさらされる。投資家がまだ収益化に取り組んでいないトレンドを指摘するかもしれない。役員会の誰かがあるアイデアを思いつくこともあるだろう（その人物は飛行機でCEOの隣に座るほど大物なので、企業が何をすべきかを〝知っている〟のだ）。さまざまな顧客がそれぞれ異なる要望を出すこともあるに違いない。明確なビジョンと戦略のないままアイデアを繰り返しテストして改善していくというやり方を選ぶと、優れたプロダクトの多くが蛇行し、道を見失い、最後には腐ってしまう。

　念のために付け加えておくが、私は『リーン・スタートアップ』を否

定しているのではない。リーンとアジャイルはどちらも優れた方法であり、フィードバックを重視した開発の際には私自身も応用しているし、強く推薦もしている。リーンとアジャイルでスピードが増し、目的地に着くのが早くなる。しかし、**リーンとアジャイルに目的地を示す力はない**。

これまで私は複数の業界で働き、スタートアップから政府機関にいたるまで、さまざまな形態の組織に属してきた。その経験から、ローカルマキシマムを追求するためにイテレーティブ型のアプローチを用いてプロダクトや企業を構築あるいは拡大すると、共通するお決まりの失敗につながることに気づいた。そこで私はプロダクト開発における私個人の発見とフラストレーションについてふたりの元同僚——ジョーディー・ケイツとニディ・アガワル——に打ち明けた。

それぞれ異なる背景をもっているのに、両者とも私と同じフラストレーションを抱えていた。どちらもトライアル・アンド・エラーを通じたプロダクトづくりを学んできたのである。ケイツはボストンにあるデザインエージェンシーのフレッシュ・ティルド・ソイル（Fresh Tilled Soil）でユーザーエクスペリエンス（UX）の戦略家として働き、アガワルはクイックラボ（QwikLABS、のちにグーグルが買収）を創業したのち、機械学習のスタートアップであるテイマー（Tamr）で最高執行責任者を務めた。

私たち3人はこれまで数え切れないほど多くのプロダクトを開発してきた。その3人が、ビジョン駆動型のプロダクト開発を成功に導くための方法論が必要だと感じていたのだ。私たちはプロダクトというものを今までとは違う視点から見る必要があると気づいた。

加えて、そうする方法を知らないから、ほとんどの企業はギャップを

埋めるためにリーンとアジャイル型の開発法を採用していることにも気づいた。財務指標というたったひとつの尺度を頼りにしながらリーンとアジャイルを用いると、ローカルマキシマムを見つけるのは容易になるが、グローバルマキシマムを見失いやすくなる。

　私たちは、そのようなアプローチの結果としてすばらしいプロダクトをつくる妨げになる最も一般的な障壁を分類した。同じような問題に直面しているさまざまな役職、業界、国家の人々とも話した。

## ラディカル・プロダクト・シンキングの誕生

　そのうち、私たちはそうした障壁を**病い**と呼ぶようになった。それらはどれも伝染して害を広げるし、治すのも困難だからだ。プロダクト開発のどのステップでもミスが容易に起こるので、これらの病いは一般的だと言える。

　私たちは、自分たちが苦労して学んできたことを誰もが応用できるように、体系的なプロセスに置き換えようと努めた。大小さまざまな企業、非営利組織、政府機関などから得た洞察を整理して、わかりやすくて再現可能なプロセスにまとめた。

　そして、全世界のさまざまな組織、たとえば初期のハイテクスタートアップ、プロフェッショナルなサービス企業、社会事業体、非営利組織、研究機関などに属する個人やチームとともに、そのプロセスを検証し、改善を加えたのである。そこで得られた成果を、**ラディカル・プロダクト・シンキング**と名づけた。

「ラディカル（根本的な・過激な・急進的な）」という言葉は少し大げさに聞こえるかもしれない。しかしこの単語は、『オックスフォード英語辞典』では「何らかの本質に関連して、あるいは何らかの本質への影響として重大または徹底的」と定義されている[注6]。医療の分野では根治を、つまり完全な治癒を目指した治療を意味する。

　要するに、**世界にもたらしたいと願う変化によってインスパイアされ、その変化を起こすのに必要なメカニズムであるプロダクトについて徹底的に考えること**がラディカル・プロダクト・シンキングなのである。

　私たちは、画期的なプロダクトを生み出すためのわかりやすくて再現可能な方法論としてラディカル・プロダクト・ツールキットと呼ぶものを設定した。変化していく未来に思いをはせることに始まり、ビジョンを日々の行動に翻訳する方法から最終的なプロダクトの完成にいたるまでの過程を網羅するツールキットだ。また、ラディカル・プロダクト・シンキングがあなたのチームの共通言語となるため、メンバー間での意思疎通が容易になり、ほかの人々をあなたの旅に招待する役にも立つだろう。


## ラディカル・プロダクト・シンキングの哲学


　ラディカル・プロダクト・シンキングの哲学には次の3本の柱がある。

### 1　プロダクトを世界に変化を起こすためのメカニズムとみなす

　世界に変化を起こすのに、必ずしもハイテクなプロダクトが必要にな

るわけではない。非営利組織での仕事、研究活動、あるいはフリーラン
スを通じても変化を促すことはできるはずだ。そうした活動も、それが
世界に変化をもたらす仕組みであるのなら、プロダクトと呼べる。

　したがって、あなたのプロダクトづくりにラディカル・プロダクト・
シンキングを応用することで、変化を加速することができる。

## 2　プロダクトづくりを始める前に、世界にもたらしたい変化を思い描く

　プロダクトはそれ自体に存在意義があるのではない。あなたの望む変
化を起こすことだけがプロダクトの存在理由であり、思い描いた目標に
あなたがたどり着いて初めて、そのプロダクトは成功したと言える。

　あなた自身が、自分が世界にどんなインパクトを与えたいのか理解し
ていなければ、適切なプロダクトをつくることも、それを評価すること
もできないし、あなたのプロダクトが予想していなかった影響を発揮し
たときに、それに気づいて対処するのも難しいだろう。

## 3　ビジョンを日々の活動に結びつけることで変化を起こす

　経営に集中すると満足感が得られる。たとえるなら、馬で駆けている
ような気分だ（たとえ進む方向が間違っていても）。しかしラディカル・
プロダクト・シンキングのアプローチを用いれば、変化のビジョンを
日々の行動に結びつけやすくなる。その結果、変化を筋道立てて形づく
ることができるのである。

　表1は、イテレーティブ型のアプローチとラディカル・プロダクト・
シンキングの本質的な違いを示している。

**表1　イテレーティブ型アプローチとラディカル・プロダクト・シンキングの違い**

| イテレーティブ型アプローチ | ラディカル・プロダクト・シンキング |
|---|---|
| 小さな変化を加えながら既存のプロダクトやプロセスを進化させるときに有効 | 大きな変化をもたらす画期的なプロダクトに必要 |
| ビジネス目標がビジョンを後押し | 目指す変化がビジョンを後押し |
| イテレーティブによりビジョンが変化し、イテレーティブが次に目指す方向を決める | ビジョンはほとんど変わらない。イテレーティブが目指すゴールへの〝進み方〟を微調整する |
| ローカルマキシマムを探しているときに遭遇する状況に対処するのに役立つ。劣勢に立たされたチェス盤で駒のいくつかを動かして体勢を立て直す | 目的意識をもってグローバルマキシマムを追求するのに役立つ。最終ゴールを意識してチェス盤全体を見たうえで、長期的に最善となる動きを考える |
| 完成したプロダクトはプロダクト病にかかりやすく、時間とともに肥大化したり焦点を失ったりすることが多い | 完成したプロダクトは本来のビジョンと目的に忠実でありつづける。プロダクト病にかかりにくい |
| イテレーティブが社会に意図しない影響をもたらしてデジタル汚染を引き起こす | 人々に有益な優れたプロダクトの開発に伴う責任を重視する |

## ラディカル・プロダクトとしてのシンガポール

　シンガポールの歴史とその経済改革を見れば、ラディカル・プロダクト・シンキングが変化を起こす強力なモデルである理由がよくわかる。

　1854年、『シンガポール・フリー・プレス』が同国のことを「東南アジア人の残りかす」で満たされたちっぽけな島と描写した[注7]。シンガポールはイギリス植民地の主要な港ではあったが、人々のほとんどは貧しく、教育水準も低かったのだ。売春、ギャンブル、麻薬が広くはびこ

り、コレラと天然痘が人口密集地で猛威を振るい、ほとんどの人は公衆衛生サービスを受けることができなかった。第二次世界大戦後の1963年、シンガポールはマレーシアと合併する道を選んだ。

当時のシンガポールには、国家としての独立が実現できると思えなかったのだ。シンガポールの未来は不透明だった。失業者が多く、住宅が不足し、石油などの天然資源にも恵まれず、飲み水すらマレーシアに頼らなければならないほど小さな島だった。そのような場所が独立国家として生き残れるとは想像できなかった。

シンガポール初代首相のリー・クアンユーでさえ、世界はシンガポールのことをマレーシアの一部として位置づけていると信じていた。しかし、1964年に激しい人種暴動が発生したことをきっかけに、政府は合併が失敗に終わったと宣言した。シンガポールは1965年にしぶしぶ独立国家になったのである。独立後初の記者会見で感極まったリーがこう言った。

「私にとって、今が人生において最大の苦悩の瞬間であります……なぜなら、私は成人してからずっと……合併を、このふたつの領地の統一を信じてきました。ご存じのように、人々は地理的にも、経済的にも、親族の絆という意味でも結びついているのです」[注8]。

しかしシンガポールの歴史、そして合併の失敗を経験したことで、リーはシンガポールの人々にどんなインパクトを与えたいか、明確なビジョンを描くことができた。ある記者会見で、こんな世界をつくりたいと語った。

「私は数百万の人々の生活に対して責任を負っています。シンガポールは生き残り、全世界と交易し、非共産主義を貫くでしょう」。マレーシアとの合併時代に人種暴動を経験したリーは、人種間の平等を実現

したいと願った。「シンガポールでは人種暴動を起こさせません。絶対に！」[注9]。

『インターナショナル・ヘラルド・トリビューン』（『ニューヨーク・タイムズ』で抜粋）が2007年に行ったインタビューで、リーは自分が思い描いた変化をもたらすために用いた戦略は「第三世界の地域に第一世界のオアシス」をつくることだったと説明し、こう付け加えた。

「企業は工場を建設して製造を行うためだけでなく、ここを拠点にしてこの地域を探索するためにも、ここに来ることになるでしょう」。リーはシンガポールを、アジアに進出する企業の拠点となるプラットフォームにしようと考えたのだ。

同じインタビューで、リーは「第一世界のオアシス」をつくる戦略について次のように述べている。「シンガポール政府は欧米の企業のニーズに応えるために、この島国をホームのように感じられる場所にしなければならなかった。都市は緑が豊かで、清潔でなければならなかったし、同じ言語（英語）を話さなければならなかった。近隣諸国と同じようなことをしていては、私たちは死に絶えてしまっていたでしょう。なぜなら、近隣諸国がオファーする以上のものを、私たちはオファーできないからです。だから、まったく違うものを、そして彼らがもっているものよりも優れたものをつくるしかなかったのです。それは腐敗のない清廉さ、効率性、そして能力主義です。それがうまくいきました」[注10]。

まるであるプロダクトをつくったかのような話しぶりが印象的なインタビューだった。ラディカル・プロダクト・シンキングは1960年代にはまだ存在しなかったが、リーはプロダクトを体系的に開発して変化を生み出すというラディカル・プロダクト・シンキングのやり方を直感的に理解していたのである。

# ラディカル・プロダクト・シンキングを都市に適用する

　そうした変化をもたらすための取り組みや行動は慎重に計画され、綿密に優先順位がつけられていた。たとえば、シンガポールといえば、その清潔さがよく知られている。その理由を、西洋に生きる私たちは、シンガポールには厳しい規則があってゴミのポイ捨てなどが罰せられるからだと考える。

　しかし現実問題として、もし国民の大多数が清潔というビジョンに賛同していなかったとしたら、それを強制することはとても難しかっただろう。国民のコンプライアンスを得るための戦略はただひとつ、教育を通じて国民の大多数を納得させること。それができて初めて、反抗的な少数派に罰金や懲罰を科すことが可能になる[注11]。

　国をきれいにするために、シンガポールは罰金などを決めるよりも先に、教育キャンペーンを実施し、ビジョンを実現するには清潔さがとても重要になると人々に伝える必要があった。清潔さに始まり英語を共通語とする決断にいたるまで、国家再生のありとあらゆる要素において、さまざまな活動に優先順位をつけなければならなかったのだ。

　プロダクトは自分が望む目的地にたどり着くために用いる手段であると考えれば、そのようなプロダクトは絶え間なく改善されなければならないという考えも受け入れやすくなるだろう。その改善のために、イテレーティブが必要になるのである。イテレーティブを通じて、明確なビジョンと戦略を実行するためのフィードバック駆動のアプローチが可能になる。

　リーは2007年のインタビューでイテレーティブについてこう述べてい

る。「私たちの考え方はとても現実的です。特定のイデオロギーにこだわりません。これはうまくいくだろうか？　とりあえず試してみて、うまくいけばそれを続けよう。もしうまくいかなければすぐにやめて、次の手を試せばいい。私たちはどんなイデオロギーにも心酔していません」[注12]。

　つまり、明確なビジョンと戦略にもとづいてイテレーティブに政策が実施されたのである。ただし、イテレーティブの際に基本となるビジョンや戦略に欠陥があることがわかった場合には、政府はそれを修正した。


## シンガポールにおけるイテレーティブ


　シンガポールにおけるイテレーティブ実施の例として、公共交通機関を挙げることができる。ビジョンは明らかだった。「増えつづける人口に対応できる安価で大規模な輸送システムを構築する」だ。1995年、シンガポールは競合を促すことで効率を高めて価格を下げる目的で国営交通機関を民営化した。

　この戦略は理にかなっていると思えたが、のちになって公共交通機関を管理するSMRT社が、上場企業であるという理由から、短期利益を最優先する姿勢を打ち出した。何年にもわたって保守や長期投資がないがしろにされたため、列車の遅延や安全性の問題が頻発するようになった。

　民営化が公共交通機関のビジョンの実現につながらないことを悟った

政府は、やり方を変えた。シンガポール政府所有の投資会社であるテマセクがSMRTを買収し、上場を取りやめたのである。現在、シンガポールの都市交通機関は世界最高水準とみなされ、2018年のマッキンゼー・アンド・カンパニーのランキングでは第1位の座を獲得した[注13]。

リーは貧しい島国の国民によりよい生活を実現するという難しい課題に直面していたシンガポール政府を率いながら、ラディカル・プロダクトを構築し、グローバルマキシマムを追い求めた。リーもまた、チェスをたとえに用いる。「ボードゲームのチェッカーが好きな人もいるでしょう──駒をひとつずつ奪い合うゲームです。人と国家の問題はチェッカーほど単純ではありません。チェスのように複雑なのです」[注14]

現在の政権は新たな困難に直面している。競争の激しいグローバル化経済という社会的現実に身を置きながら、拡大する貧富の格差に対処し、リソースをバランスよく再分配しなければならない。リーはシンガポールに奇跡的な変革をもたらしただけでなく、政府にビジョン駆動型のプロダクト・シンキングという考え方を植え付けた。そのため、シンガポールは将来どんな困難に直面しても、これまでと同じように巧みなソリューションを見つけることだろう。

シンガポールでは今でもこのアプローチが政府機関の全体に浸透している。どの省庁も、どの政府機関も、独自のビジョンをもち、その実現に力を尽くし、相応のプロダクトを抱えている。どの政府機関に足を踏み入れても、ビジョンが壁に掲示されているし、そこで得られるサービスもそのビジョンに合致している。そして用事が終わると、たいていの場合、訪問者にはそこでの経験に関するフィードバックを得るためのアンケートが行われる。その結果をプロダクトの絶え間ない改善に活かすのだ。

## 労働許可証の発行もプロダクト

　シンガポールの政府機関で私が初めてプロダクト・シンキングを実感したときの話を紹介しよう。私は家族とともにシンガポールへやってきた。翌日、私たちは労働許可証を得るために労働省の「雇用パスサービスセンター（EPSC）」という場所を訪れた。時差ぼけでその日の午前2時にはもう目を覚ましていたふたりの子供を連れてEPSCに向かっていたとき、私はセンターで長くて面倒な手続きをしなければならないのだろうと覚悟を決めていた。

　ところが、そこでの経験は予想以上にポジティブだった。オフィスに入ると、そこはどんな心理セラピストのロビーよりも心安らぐ場所だったのだ。短い待ち時間のあいだ、私たちはオフィスの壁にあった掲示に目を通した。そこには次のような顧客体験を構築することがEPSCのゴールだと書かれていた。「みなさまに安心とコントロールを」、「それぞれの願いに沿うこと」、「人と人のふれあい」などだ。そして、そのゴールどおりのサービスが提供された。

　たとえば、私たちの時差ぼけした子供たちは子供用のプレイゾーンで退屈せずに時間を潰せたし、私たちの順番が来たときも番号ではなくて名前で呼ばれた。パス用の写真を撮るのはオフィスの職員だ（フォトブースを探す必要はなかった）。しかも、私たち全員が写真を自分でチェックして、気に入らなければ撮り直してもらうこともできた！　そんな感じでEPSCでの手続きが終わり、労働許可証は郵送されると告げられたのだった。

　労働許可証の発行はEPSCの〝プロダクト〟であり、このプロダクト

は、労働省のウェブサイトに掲載されているビジョンに見事に沿っている。ここではそのビジョンの一部を抜粋しよう。

> 私たちは優れた労働力と優れた職場の構築を目指しています。
> 私たちが労働力を無駄にすることなく、競争力のある経済を維
> 持することに努める一方、シンガポール国民は収入の実質的
> な増加、キャリアの充実、経済的な安定を目指すことができま
> す。
> ビジョンと使命を達成するため、私たちは企業が優れた職場を
> 提供するサポートをし、シンガポール国民に良質な仕事の選択
> を可能にすることで、強靭な国家のコアを創造する所存です。
> 私たちは熟練した外国人労働者を維持し、国内の労働力を補う
> ことに努めます[注15]。

このビジョンを実現するため、シンガポールは才能ある多様な外国人労働者を呼び寄せなければならない。高齢化しつつある地元労働力の隙間を埋める重要な役割を、外国人労働者が担うのだから、シンガポールを彼・彼女らにとって働きやすい国にすることがゴールになるのである。

## スピードと方向が定まるとベロシティーとなる

リーのプロダクトは「第一世界のオアシス」だった。EPSCのプロダ

クトは労働許可証の発行だ。組織内のどのレベルも、ラディカル・プロダクト・シンキングを採用し、それぞれのプロダクトでインパクトを与えることができるのである。

　もっと言えば、組織の個人個人が独自のプロダクトで貢献できるだろう。そして、そうした数多くのプロダクトを総合したインパクトが、組織が生み出すインパクトの総量になるのだ。

　この考え方の強力な利点は、組織内のどのレベルにも応用できることにある。どのチームも明確なビジョンに導かれて、望む変化の実現を目指す。ビジョン駆動型ではなくイテレーティブ型のアプローチを用いる組織では、多くの場合で組織内のさまざまなチームが迅速なイテレーティブを繰り返すものの、その足並みはそろっていない。

　リーンとアジャイルは私たちに、密なフィードバックループを通じてイテレーティブの力を活用する方法を教えてくれた。この方法を用いればスピードが増す。一方、ラディカル・プロダクト・シンキングはあなたに方向を示し、どこを目指し、どうやってそこに行けばいいかを考える支えとなる。

　イテレーティブとラディカル・プロダクト・シンキングが組み合わさることで、進むべき方向性にスピードがつく。これがベロシティーだ。デザイン会社のペブルロード（PebbleRoad）は、組織が遭遇する困難とラディカル・プロダクト・シンキングの価値を示すために、図1を利用している。

　この新しいマインドセットを身につければ、よりビジョナリーで、より合理的なアプローチが可能になる。シンガポールの例が明確なビジョンとそれにもとづく戦略、優先順位づけ、そして実行の大切さを教えてくれている。

リーン と アジャイル

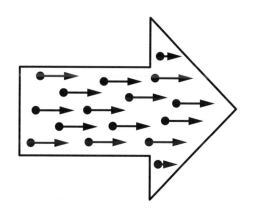

ラディカル・プロダクト・シンキング
＋
リーン と アジャイル

図1　リーンとアジャイルがスピードを、ラディカル・プロダクト・シンキングが方
　　　向を決め、その組み合わせでベロシティーが生じる

シンガポールは多くのイテレーティブをする時間がなかった。その代わりに、ほかの国々がビジョンの実現に失敗して数十年の内戦に陥ったのを見てきた。ミッションクリティカルなプロダクトをつくる多くの企業にとっては、イテレーティブは選択肢に入らないだろう。

　イテレーティブは便利ではあるが、ビジョンによって導かれなければならない。ビジョンにどれぐらい近づいたかを測ることで、次のイテレーティブをどう改善すべきかを決めることができる。

　そのようなビジョン駆動型のアプローチを採用することで、望んだ変化を世界に引き起こす力のあるすばらしいプロダクトを生み出せるのである。リー・クアンユーやスティーブ・ジョブズのようなビジョナリーは、直感的に自らのビジョンを現実に変える方法を知っているのだろう。しかし、普通の人間である私たちには手引きが必要だ。

　本書では、変化していく未来に思いをはせることからそれを実現するまでを網羅するビジョン駆動型のインパクトを創造する方法を説明する。その方法はわかりやすく、繰り返し応用が可能だ。ビジョンをあなたやチームが行う日々の活動に浸透させるのに必要なステップを順番に説明する。

　もうひとつ忘れてはならないのは、本書の示す方法論が共通言語となってコミュニケーションを容易にし、出会う人々を旅の道連れに誘いやすくなるという点だろう。

　この新しい考え方を身につけるために、まずは優れたプロダクトを開発する妨げになる要素や、イノベーションを台無しにしてしまうプロダクト病の症例を知っておくべきだろう。その知識が、あなたがこの考え方を組織内で広めるときに必ず役に立つ。ほかの人々にも病いについて知ってもらえば、それらを治療したり予防したりしやすくなる。

- イテレーティブ型のアプローチで財務KPIを改善することは可能だが、それが革新的なプロダクトにつながるとは限らない
- イテレーティブ型のアプローチでは、イテレーティブが進む方向を決めてしまう。ビジョン駆動型のアプローチでは、イテレーティブが目的地への行き方を修正するのに役立つ
- ラディカル・プロダクト・シンキングはビジョン駆動型プロダクトの開発を容易にする。ビジョン駆動型プロダクトは世界にもたらしたい変化の実現を容易にする
- ラディカル・プロダクト・シンキングの哲学には3本の柱がある
    1  プロダクトを変化を起こすためのメカニズムとみなす
    2  プロダクトづくりを始める前に、世界にもたらしたい変化を思い描く
    3  ビジョンを日々の活動に結びつけることで変化を起こす
- ラディカル・プロダクト・シンキングが方向性を、リーンとアジャイルがスピードを与える。両方がそろって方向性のあるベロシティーになる
- ラディカル・プロダクト・シンキングの考え方では、世界を望む形に変えるために必要な、絶えず改善されるメカニズムはすべてプロダクトと位置づけられる

# 第2章
# プロダクト病
## ――優れたプロダクトが腐敗するとき

## プロダクト病とは何か？

　明確なビジョンと戦略がないままイテレーティブを繰り返せば、プロダクトは肥大化したり、断片化したり、方向性を失ったり、誤った数字に引っ張られたりするようになる。そのような状態を**プロダクト病**と呼ぶことにしよう。

　私たちのほとんどは、試行錯誤を通じてプロダクトの開発のしかたを学び、プロダクトづくりの直感を養っていく。だが、直感をあてにビジョンと戦略を結びつけ、優先順位を決め、戦術的な活動を行うのは、頭のなかだけで代数の問題を解くような話だ。

　問題が複雑なときは計算を間違う恐れが増す。ビジョンと実行の間の一貫性の糸が切れるとき、プロダクトは病いに陥る。そしてビジョンと実行の間の一貫性の糸はとても切れやすい。だから大小関係なくどの業界でもどの企業でも、プロダクト病が蔓延しているのである。

　病気を治療したり予防したりするには、まず病気を診断しなければならない。プロダクト病の症例名は、自己診断を行う際に組織内の理解を促し、対策をとりやすくしてくれる。

## 症例1　ヒーロー症候群

　インパクトを強くすることだけに集中し、もともと胸に思い描いていた変化の創造をないがしろにするとき、**ヒーロー症候群**が発症する。

　ベンチャーキャピタルのビジネスモデルがハイリスク・ハイリターン型の決断をする企業を優遇するため、ベンチャーキャピタルの資金提供を受ける企業がこの症例に特にかかりやすい。私もキャリアの初期にヒーロー症候群にかかったことがある。

　私が最初に共同創業したロビー7はベンチャーキャピタルの出資を得て活動を始めた。資金調達を行ったその瞬間から、私たちには規模を拡大し「ビッグ」になることが求められた。有名な企業に営業を行い、オフィスもボストンの金融街にあったため、ロビー7は顧客には大きく見えていたに違いないが、その裏で必要以上に資金を浪費していた。

　ロビー7は20年前の話だが、ヒーロー症候群はいまだに蔓延していて[注1]、リーダーがインパクトの質ではなく大きさのみに集中したために生じたいくつかの非常に大きな失敗が知られている。

　ビーピ（Beepi）の共同創業者兼CEOのエール・レスニクは中古車の取引市場を構築するために1億4770万ドルを調達した。経営陣がインパクトの強化と規模の拡大に集中したため、資金調達と評価、そして出口利益を最優先にし、顧客の問題を解くことは二の次にされた。

　たとえば、多くの顧客が期限切れの仮ナンバーをつけたまま車に乗りつづけ、警察に摘発された。ビーピの業務が滞ったため、仮ナンバーの期限切れになる前に顧客に権利書や正規のナンバープレートを届けられなかったのだ。その割には、資金調達のほうは順調に見えた。

2015年、レスニクは『ウォール・ストリート・ジャーナル』に、全国展開の燃料として20億ドルの評価額に対して3億ドルの「モンスター級資金調達」を目指していると語った[注2]。

　レスニクは企業の規模と世間における自らのインパクトの大きさのみに注目したのだが、ビッグになるという努力はプロダクトの改善につながらなかった。ビーピのアイデアはよかったが経営に失敗し、2017年に切り売りされた。

　ヒーロー症候群は感染力が強い。世界を一変することに成功し、メディアの注目を一身に集めるヒーローが実際に存在するからだ。ビジネス界ではそのような巨人たちが関心を集めるが、実際に経済を動かすのは中小企業である[注3]。

　民間雇用のほぼ半分が中小企業であり、2000年代後半の大不況（グレート・リセッション）後の雇用創出の要として新規雇用の67パーセントを生み出したのも中小企業なのだ[注4]。

　ヒーロー症候群にかかると、ビッグになるために必要な活動ばかりに目を向け、それをせずにはいられなくなってしまう。そうならないように自分をいたわり、自分が見たいと願う変化を起こすよう心がけよう。


## 症例2　戦略肥大


　取り残されることの恐れ（FOMO：Fear Of Missing Out）に苦しんだことがない人がいるだろうか？　次々と舞い込んでくるアイデアや要望につい「イエス」と言ってしまい、最後には何から手をつけるべきか

がわからなくなる。

そのため、〝薄く広く〟の状態に陥り、インパクトを与える可能性は
しぼむ一方で、ブレークスルーと呼べるほどの成果を残すことができな
くなる。この症状を私たちは**戦略肥大**と呼んでいる。

1990年代の後半、ヤフー（Yahoo）のホームページは過去の年月を通
じて追加してきた数々の機能で肥大化していた。フラッシュ画像、星占
い、為替ニュース、天気などだ。顧客が少しでも望んだものなら何だっ
て実装した。

しかし当時の問題は、利用者のほとんどが低速なインターネット回線
しか利用できなかったため、機能満載のホームページを呼び出すだけで
とんでもなく長い時間がかかったことだった。

一方、グーグルはたったひとつのサービスに集中した。検索だ。必要
最小限に抑えたグーグルのホームページはロード時間がはるかに短かっ
たため、戦略肥大していたヤフーから顧客を奪い、瞬く間に検索エンジ
ンとして支配的な地位を築くにいたったのである。

ヤフーは貪欲に買収を続け、サービスをさらに拡大していった。戦略
肥大の急性症状に陥ったのだ。当時ヤフーのCEOだったマリッサ・メ
イヤーが買収した53の企業から、ごく一部だけを紹介しよう。


・アビエイト（Aviate：スマートホーム画面アプリ）
・ポリヴォア（Polyvore：ソーシャルコマースサイト）
・タンブラー（Tumblr：ブログコミュニティ）
・スカイフレーズ（Skyphrase：自然言語処理のスタートアップ）


そのうち、ヤフーのポータルにはあまりにも多くの要素が詰め込まれ

たため、すべてのサービスの一覧を見るために「More」ボタンをクリックしなければならないほどになった。もしあなたも自分のサービスをアルファベット順の一覧にする必要に迫られたのなら、深刻な戦略肥大を起こしていると考えていい。

　ノースイースタン大学で私のイノベーション講座の学生であるプラヤグ・バンサルが、あるグループ学習を終えたときに戦略肥大について次のように鋭く指摘した。

> 　戦略を練るにつれて、数多くの私たちのプロダクトの機能はたったひとつの綿密に定義された機能へと数を減らした。「より多くを求めることは必ずしも成果の向上につながらない」からである。この経験は私にとって新しい発見だった。また、数多くの機能を提供すると、競争の起こる前線の数も増え、ライバルのオファーに対して自らのそれを差別化するのがよりいっそう難しくなる。

　リソースが不足しているとき、戦略肥大を予防すれば成果を上げることができる。ネットプロスペックス（NetProspex）のプロダクト部門副社長だったブルース・マッカーシーは、経営陣がプロダクト部門に望む75項目の行動計画を受け取ったとき、戦略肥大の発症を予感した。

　しかし、マッカーシーの下には6人の小さなチームしかいなかったので、経営陣からその年は3つの計画に集中するだけでいいという同意を得た。それからの2年で、チームは一連のプロダクトをリリースしたが、そのどれもが意図的に企業のコア事業に関連していた。より少ないターゲットに集中することで、より大きな成果を得ることができた。続

　　　　　　第2章　プロダクト病 ——優れたプロダクトが腐敗するとき

けざまに年間収益を倍増し、最後には企業をダン&ブラッドストリート（Dun & Bradstreet）に売ることに成功したのである。

　戦略肥大から回復するには、企業は明確な目的意識をもって、優先順位を決めなければならない。


## 症例3　強迫性セールス障害


　**強迫性セールス障害**は企業界隈で初めて診断された。四半期収益目標の達成に責任ある立場にある者なら誰もが、「あの顧客は我々がプロダクトにある簡単な機能を付け加えれば買うと言っている」などといった不吉な言葉を聞いたことがあるだろう。

　少しの手間でセールスが増えるのだから、悪い話ではないように思える。実際、私も同じような言葉を発したことがある。しかし四半期の終わりになると、分厚い契約書の束を祝ってセールスチームがシャンパンの栓を鳴らしている傍らで、エンジニアたちは長期的な目標のためではなく、たった1回契約しただけの顧客の要求に応えるためにまだまだ先の見えないロードマップとにらめっこしているのである。

　ときにそのようなトレードオフが避けられないこともあるだろう。しかし、短期的な需要を満たすために長期的な利益をないがしろにすることが頻繁に起こるようなら、強迫性セールス障害の発症を疑うべきだ。

　ビジネスだけでなく政治の世界でも、強迫性セールス障害は観察されている。全世界でポピュリズムが台頭しているのは、政治家たちが短期的な有権者の満足を得るために長期的な展望をトレードオフしている証

拠だろう。

　たとえば、ポピュリストは移民の数を抑えようとする。移民がいなければ、アメリカの労働年齢人口は2035年までに減少が始まると予想されているにもかかわらず、だ。ベビーブーム世代が引退しつつあるため、アメリカは労働人口の減少に歯止めをかけ、社会保障や医療制度の資金を維持するために、移民を必要としている[注5]。

　つまり、移民制度の維持は長期的な課題だ。その一方で、選挙は政治家の短期的な関心事にすぎない。データが移民の必要性をはっきりと示しているのに、強迫性セールス障害を患った政治家たちが移民の制限を約束し、今日の票を得るためのトレードオフとして未来を犠牲にしているのである[注6]。

　個別の顧客や関係者を喜ばせる努力をしてはならないとか、トレードオフは絶対に避けろ、と言っているわけではないし、そのような態度は現実的でもない。短期的なニーズを満たすことなしに長期的な目標のみを追いつづけるのは不可能だ。

　政治の世界でそのようなやり方をしていては、そもそも再選できないだろうから、やりたいことのごく一部しか実現できないだろう。ビジネスでは、もし資金が尽きてしまえば、インパクトを与えることができなくなる。それどころか、ビジネスそのものをやめるしかない。

　つまり、短期的に生き残るために長期的な目標への前進を犠牲にすることは、ときには合理的な判断なのである。しかし、あまり頻繁にトレードオフを繰り返していると、自分の進むべき道を見失った気になるだろう。それが強迫性セールス障害の症状だ。

## 症例4　数値指標依存症

　ウェブサイトのボタンは赤がいいだろうか？　それとも青にすべきか？　両方試してみて、どちらがクリックの回数が多いか確かめてみよう！　そのような計測はとても強力なツールであり、正しい判断の助けになることもあるが、本当に必要なものだけでなく何でもかんでも測定していては、**数値指標依存症**という恐ろしい病いにかかってしまう。

　数値指標依存症は、成功か否かを判断するために〝測定可能な〟成果にのみ注目し、それが本当にインパクトを与えるために不可欠なのかどうかをしっかりと考えるのを忘れてしまう病い、と定義できるだろう。

　スタートアップの世界では、ベンチャーキャピタルの資金調達、成長率、メディアに取り上げられた回数など、さまざまな数値指標依存症がビジネス状況の正しい理解を妨げることがある。

　ビジネスでは「カスタマーエンゲージメント」という指標が重宝される。自分のウェブサイトで顧客が長い時間を過ごしていると聞いてうれしくない者がいるだろうか？　しかし、もしあなたの目標が顧客のタスクの手助けをし、彼・彼女らの生活を豊かにすることなら、サイト閲覧時間の最大化にこだわっていると本来の目標に近づくどころか、むしろ遠ざかってしまうだろう。

　何を計測すべきかを知るには、自分がどこにたどり着きたいのかを理解しておかなければならない。何でも測るという道を選ぶと、あらゆるものを測定しているうちに、本当に大切なことを見失ってしまう。ここでその例を紹介しよう。

　私が勤めていた企業でいくつかのハードウェアコンポーネントに障害

が発生していた。やがて原因を突き止め、私たちの対応が実際に障害の発生を減らすかを確かめるために、それらすべてのコンポーネントを毎日24時間ビデオで監視することにした。

　ところが、6カ月後に映像記録を調べたところで、私たちの努力が障害発生回数を減らしているかどうか、まったくわからなかったのである。ビデオがあまりにも多くのデータ容量を消費するため、過去1週間から2週間ほどの映像のみを保存していて、それよりも古いものは消去していたのだ！　だから、見ることができたのは直近の1週間ほどの映像だけで、6カ月前と比べられなかったので、障害が確かに減っているのかどうかはわからなかった。

　私たちは戦略性を欠き、本当に必要な数値指標に注目できなかったため、すべてを測定しようとしてしまった。本来なら、システムに特定コンポーネントのログを時系列で取得させるだけでよかったはずだ。

　数値指標依存症の治療や予防には、目指す目的地（ビジョンと戦略）を明確に理解したうえで、測定すべき指標を決めなければならない。

## 症例5　ロックイン症候群

　ただそれに慣れているから、あるいはそれまで問題がなかったからという理由で、まるで殻に閉じこもるかのように特定の技術やアプローチなどを用いつづけるとき、**ロックイン症候群**が発症する。この病いにかかると、望むインパクトを実現するのにもっと適しているかもしれないソリューションを探すことができなくなってしまう。

成功している大企業のリーダーがロックイン症候群にかかった場合は
「イノベーターのジレンマ」と呼ばれることが多い。リーダーは自らが
関与した成功商品にストップをかけようとはしない。そのため、新技術
が市場に登場したとき競争に打って出ることができないのだ[注7]。

　1970年代、IBMがコンピュータ産業界の標準とみなされるメインフ
レームとハードウェアコンポーネントを擁して業界を支配していたのだ
が、ロックイン症候群にかかり、ソフトウェア部門に広がる無限の可能
性を見落としてしまった。

　当時は、コモドール（Commodore）とラジオシャック（RadioShack）、
そしてアップルがパーソナルコンピュータ（PC）を市場に送り出して
いて、IBMは爆発的な消費者市場で毎月のように遅れをとっていた。当
時IBMのCEOだったジョン・オペルは、IBMも1年以内にPCをリリース
すべきだと考えた。そこでチームはパーツをゼロから自社で開発せず
に、既製品のハードウェアコンポーネントを利用することに決めた[注8]。

　オペレーションシステムの開発では、IBMの要求をすべて丸のみし
たうえで、開発期間の短さも受け入れたスタートアップを雇い入れた。
オペルの監督下でIBMはあるスタートアップを相手に、DOSオペレー
ションシステムの非独占ライセンス契約を結んだ。そのスタートアップ
がマイクロソフトだ[注9]。

　IBMはハードウェアビジネスに閉じこもっていたため、ソフトウェア
ビジネスの分野でリーダーになる機会に気づけなかった。最終的には、
IBMは2009年にPC部門をレノボに売り払い、マイクロソフトの利益率
はその後の10年で大幅に増加した。

　ロックイン状態にあると、解決しようとしている実際の問題から目を
離し、特定の解決策やアプローチにばかり注目してしまう。しかし、問

題へ視線を向ければ、ある困難に対処する方法はひとつではなく、過去のやり方が必ずしも最善ではないことがわかるはずだ。

## 症例6　ピボット症候群

　スタートアップの世界では、状況が厳しくなったら方向転換（ピボット）を宣言して、組織を違う方向へ導けばいいと広く信じられている。企業は問題に正面から取り組むのを諦め、問題を避けるのだから、これは面目を保つためのやり方だと言える。

　しかし、そのせいでプロダクトのラインナップや顧客セグメントに大きな変動が生じ、結果として社内のチームに疲労や混乱やモチベーションの低下などの症状が現れる。どれも**ピボット症候群**のサインだ。

　私もあるスタートアップでマーケティング部門を率いていたときにピボット症候群を経験したことがある。このスタートアップは支払プラットフォームとして誕生した。ビジョンは次のビザ（Visa）になることだったのだが、小売側でも消費者側でも顧客の獲得にかなり苦戦した。

　そこで方向転換することに決めた。小売業者のロイヤリティプラットフォームになることにしたのだ。しかし、そこはすでに競合が激しい分野だったことがわかったので、さらに方向転換して中小企業向けのクレジットソリューションに力を入れることにした。そうこうするうちに、私たちは自分が何者なのかを見失い、ウェブサイトで誰に契約を結ぶよう訴えればいいのかもわからなくなっていた。

　ほかの病いと同じで、方向転換が成功につながった先例があるため、

ピボット症候群もたいした問題ではないとみなされることが多い。たとえば、ビジネス用のコミュニケーションツールとして知られるスラック（Slack）は、もとはゲーム会社としてスタートしたのにチームチャットというまったく異なるプロダクトと市場部門に鞍替えした。

　しかし見落としてはならないのは、チャット業界に参入した時点で、スラックはゲーム会社として抱えていたあらゆる荷物も先入観もきれいさっぱり捨て去ったことである。一般にはスラックはピボットを行ったと言われるが、実際にはまったく新しい企業を始めたのだと言える。

　もしあなたが目指す変化が本当に世間から求められているのか自信がなくなったときには、あるいはその実現は単純に不可能だと思うなら、それはかなりの影響力をもつ一大決心であるはずだ。ビジョンも戦略も計画も、新たに定義しなければならないのだから。

　そのような機会を、完全にリセットして新たなスタートを切るチャンスと捉えれば健全な副作用が生まれる。物事が困難になったときや隣の芝生が青く見えたときに、乱暴な方向転換をしたくなる気持ちに歯止めがかかるのだから。今抱えている問題が本当にどうやっても乗り越えようがないとわかるまで、その問題に取り組みつづけようと思えるだろう。

　自分が起こそうとしている変化に魅力を感じ、明確なビジョンを追いつづけている限り、方向転換よりも正面突破のほうが問題の解決につながりやすいはずだ。

　そうやっていればピボット症候群を避けることができ、簡単に成功できる回り道を探したあげくに道に迷ってしまうようなことはなくなるだろう。

## 症例7　ナルシシスト症候群

　自分だけに目を向け、世界に変化をもたらすという本来の目的を忘れるほど自分のことばかりを考えるときは、**ナルシシスト症候群**が発症している。たとえば、税務目標に焦点を合わせ、737MAXのエアロダイナミクスの不安定さにMCASで対処しようとしたころのボーイングはナルシシスト症候群に陥っていたと言える。

　顧客ではなく企業の目標ばかりに注目する態度はコロナパンデミックの始まった2020年前半でも頻繁に見られた。医師や看護師の多くが病院内のエレベーターや廊下でもマスクを着用しようとしたとき、病院経営者側が強く反対したのだ。彼らは病院内で医療関係者がマスクをしていると、患者たちがこの病院はコロナが蔓延していると考えてしまうと恐れたのだ[注10]。自分のことばかりに目を向けると、私たちは顧客へのインパクトではなく、成果や利益だけで事業を評価してしまう。

　他人のために尽くせ、と言いたいわけではないが、顧客のニーズを見失ってしまえば、私たちはローカルマキシマムに意識を向け、ライバルにグローバルマキシマムを見つける機会を与えてしまうことになる。

## 合併症

　多くの人が、本章で紹介した病いの複数を観察あるいは自ら経験したことがあるだろう。どうやらプロダクト病では症状の併発による**合併**

症がよく起こるようだ。たとえば、「ゴーストエアポート」という不名誉なニックネームが付けられたベルリン・ブランデンブルク国際空港（BER）は7つすべての疾患にかかっていた。

1989年にベルリンの壁が崩壊したあと、ドイツ政府はベルリンを再統一を果たしたドイツの象徴とみなし、その目玉事業としてBERの建設計画を承認した。BERはベルリンを世界の人々が訪れる都市として復権させる使命を帯びた世界クラスの空港になるはずだった。ところが、この事業は大失敗として歴史に名を残すことになる。

当初、同空港は2011年にオープンする予定だったのだが、実際の開港は2020年の10月まで引き延ばされた。遅延の理由の数は55万を超える。BERがオープンして旅行客を迎え入れるまでに、それほどの数のミスや障害を正さなければならなかったのだ。

いったいなぜそのような事態に陥ったのだろうか？　私は国会議員で調査委員会の委員長でもあったマーティン・デリウスに話を聞いた。デリウスはプロダクト病について私が書いた記事をすでに読んでいて、インタビューの席上ですぐにBERの症状を診断しはじめた。

ヒーロー症候群を診断する際、デリウスは「あらゆることで最高級をめざすのがBERのビジョンだった」と語った。BER計画が始まったころ関係者は「ベルリンを世界的な目的地として際立たせるのにふさわしい最高に近代的な空港をつくる」という空虚なビジョンで合意した。

私は、オフサイトミーティングでまる1日ビジョンについて話し合ったチームが同じような頂点を目指した合意にいたるのを、何度も見てきた。実際、「データストレージとバックアップ部門でリーダーになる」などといった漠然としたビジョンステートメントを打ち出す企業が本当に多い。BERのビジョンも曖昧で、具体性に欠け、実用的でもなかっ

たため、大きなズレが生じていたことに誰も気づかなかった。

　このズレのせいでピボット症候群が発症し、着工後に何度も設計が変更された。たとえば、最初に設計した建築家はショッピングが大嫌いだったので、免税店のない空港を構想した。計画者にとっては重大な欠陥だ。空港の収益にとって店舗収入が大きな比率を占めるのだから。そのため、最初の設計に店舗専用のフロアをつけ足すことになった。

　BERはナルシスト症候群も患った。市場のニーズではなく、自分のやりたいことに目を向けたのだ。航空各社はどこもハブ空港は必要なく、BERを乗り換え拠点とするつもりはないと言っているのに、BERはハブ空港として設計されたため余分に建設費用がかさんだ。

　デリウスはBERが戦略肥大を起こしていたことにも気づいた。「あらゆる面で最高を目指すことがBERのビジョンだったので、連邦政府やベルリン市の政治家も含む利害関係者たちがBERをもっと大きく、もっとよくする計画に遠慮なく意見を出してきました。そうした要望に応えようとして、プロジェクトはどんどん肥大化していったのです」。

　デリウスはもともとソフトウェア開発をしていた人なので、戦略肥大をソフトウェアにたとえた。「戦略肥大を起こしている企業では、あらゆる機能が〝最優先〟とみなされます。機能の優先順位を決めないので、エンジニアチームはひとつでも多くの機能を実装するためにがむしゃらに働くしかありません。BERも、まさにそのような状況でした」。

　数値指標依存症にかかったプロジェクトチームは、数多くの修正にかかる費用を請負業者に吸収させることを成功とみなすようになっていた。これがさらに強迫性セールス障害につながり、短期利益を得るために、長期ビジョンを度外視するようにもなった。

　「たとえば、主要な請負業者のひとつは、追加の支払いは行われない

のに、当初の予定になかった数多くの機能の実装が要求され、その圧力に屈して破産してしまいました」。請負業者に圧力をかけることで、短期的には成果が上がったのかもしれないが、結局はその業者が破産したのだから、工期はさらに延びることになった。

そしてもうひとつ、BERはロックイン症候群も発症していた。痛々しい話だが、工事中のある時点で、それまで完成していたものをすべて取り壊して初めから新しく建て直すほうが、今の工事を続けるよりも安上がりであることが明らかになったのだ。しかし、政治家たちが現行計画の続行にこだわった。国民にそれまで費やしてきた資金に見合う何かを見せなければならないと考えたのだ。予定よりほぼ10年遅れて開港したBERの建設費用は当初の予算を40億ドル以上オーバーしていた。

スタート時点で明確で実行可能なビジョンと戦略がなかったBERは、アイデアから実装までの道を何度もイテレーティブしながら、その途上ですべてのプロダクト病にかかったのである。

ここで紹介した7つの病いはとても一般的で、どの企業でも観察される可能性が高い。私もほとんどの業界で発症例を見てきた。しかし、この7つがすべてではない。あなたの組織も業界特有の病いにかかっていて、そのためインパクトを発揮できずにいるのかもしれない。治癒への第一歩は、症状を見極めることだ。

組織がかかっている病いについて、同僚やチームと話し合ってみよう。そして、明確なビジョンと戦略の欠如、あるいはビジョンを実行に移す際の連鎖の分断など、それぞれの病いの原因に対処するのである。

第2部では、これらの病いを避ける、あるいは治療する手段として、ビジョンステートメントを通じて明確な目的を設定し、戦略や優先順位を駆使してそれを日々の活動に置き換える方法を示す。

キーポイント

- どの業界でもあらゆる規模の企業に以下の7つの病いが蔓延している
  1. ヒーロー症候群は、わくわくする変化を起こすことではなく、外部からの注目や人気ばかりに意識を向けると発症する
  2. 戦略肥大とは数多くの機能を実装するが、どの機能にもブレークスルーを起こせるほどに性能を高める努力が行われていない状態を指す
  3. 強迫性セールス障害とは、長期的なビジョンに反して短期的な取引を結ぶことを意味する
  4. 数値指標依存症にかかると、成功を判断するために、それが測定すべき対象であるのかという問いを度外視して、測定可能な成果のみにフォーカスするようになる
  5. ロックイン症候群は過去に成功した特定のテクノロジーやアプローチに過度にこだわることを意味する
  6. ピボット症候群は物事が困難になるたびに方向転換を繰り返すためチームが疲れ、混乱し、やる気をなくす状態を指す
  7. ナルシシスト症候群の患者は自らのゴールや欲求に集中するあまり、起こそうと願う変化を見失ってしまう
- これらの病気は、明確なビジョンをもち、それを段階的に日々の活動に置き換えることで治療することができる

第 2 部

Radical Product Thinking

ラディカル・プロダクト・
シンキングの5大要素

# 第3章

# ビジョン

## ——変化を想像する

## プロダクトは変化を起こすための仕組みである

　ユーザーのために好ましい変化を引き起こす手段がプロダクトだ。したがって、プロダクトをつくる前にどんな変化を引き起こしたいのか、確かなビジョンがなければならない。本章では、リジャット（Lijjat）の慎ましいスタートを観察しながら、チームを動かす力のあるビジョンを構想する方法を説明する。

　あなたはインド料理レストランで「パパダム」を食べたことがあるだろうか？　レンズ豆でできた薄いせんべいのような食べ物で、チャツネといっしょに出されることが多い。もし、パパダムを食べたことがあるのなら、リジャットの製品だった可能性がとても高い。リジャットはパパダムのブランドとして最大手で、60パーセントの市場シェアを誇る。残りの40パーセントは数多くのブランドがひしめき合っている。

　1959年3月15日にリジャット共同創業者の7人がある建物のテラスで最初のパパダムを完成させたとき、頭のなかには市場シェアの心配などみじんもなかった。7人には市場の支配などといった大それた野望はなかったが、その代わりに自分たちにとってとても大きな意味をもつビ

ジョンを胸に抱いていた。7人とも尊厳のある暮らしと子供の教育機会を望んでいたが、学がなかったため、確実な収入が期待できる仕事が見つかりそうにない状況に置かれていた。

収入につながりそうなスキルと言えば料理ぐらいしか思い浮かばなかったため、7人は料理の腕をどう活かせばいいかを知るために市場を観察した。すると、消費者は手作り感のあるパパダムを望んでいることがわかった。

私自身、成人した今も祖母がつくったパパダムの味をよく覚えている。ライスとダールカレーというシンプルな夕食に祖母が焼いたパパダムのパリッとした食感が彩りを添える。しかし、パパダムを家庭でつくるのはとても面倒で、ほかの日常的な食べ物よりもはるかに多くの愛情と料理の腕前が必要になる。リジャット創業者たちは、このニーズなら自分たちのスキルで満たすことができると考えた。

そこでソーシャル・ワーカーとして指導に当たっていたチャガンバパから80ルピー（今の価値でおよそ150ドル）を借りて、パパダムづくりに必要な材料と道具をそろえた。7人は互いに、「対等なパートナーであり、誰も特別扱いを受けない」という約束を交わした。利益も損失も7人で平等に分け合う、ということだ。

最初の試みとして80のパパダムを地元の店舗に売ったところ、翌日には新たな注文が舞い込んできた。そして15日で最初の借金を返済できたのである。3か月後には25人の女性がパパダムづくりに携わり、利益を分け合っていた。

3年後、グループは300人を超える規模に成長していた。もはや一か所ではやっていけないため、女性たちは生地を自宅に持ち帰って家でパパダムをつくり、できあがったパパダムを納品することで収入を得た。

創業者たちは、消費者のニーズを満たす高品質な製品をつくることで女性たちに尊厳のある暮らしをする機会を与えるというビジョンにこだわりつづけた。このビジョンを実現するために、新しいメンバーを増やしても、全員を対等なパートナーとみなしつづけた。金持ちになるためにリジャットを創業したのではないのだから。

　現在、リジャットは収益が2億2000万ドルを超え、4万5000人以上の女性を雇用している。パパダムだけでなく、スパイス、洗剤、石鹸なども生産するようになった。設立から60年以上がたち、創業者たちはもうパパダムをつくっていない。しかし、社長のスワティ・パラドカルが電子メールでのインタビューに返した答えによると、リジャットのビジョンは今も生きつづけているそうだ。

　組織は今でもすべての女性が対等なパートナーであり、互いを「シスター」と呼ぶ協同組合として構成されている。みんな、毎日焼いたパパダムの数に応じて収入を得ていて、利益と損失も6カ月ごとに分け合っている。寄付を受けたことは一度もない。逆に、地震などの大きな災害が起こったときには、リジャットが寄付をしてきた。

　ビジョンがあればこそ、あなたはチームとともに、世界にもたらしたいと願う変化に向けて進む態勢を整えることができる。**プロダクトは変化を起こすための仕組みにすぎず、最終ゴールではない**。このマインドセットを身につけるには、**誰のために世界をよりよくしたいかをしっかりと考えて、詳細なビジョンを打ち立てる必要がある**。

　これまで一般的には、ビジョンは野心的かつ壮大でなければならないと言われていた。さらに、広めやすいように印象的なスローガンがあれば理想的だとも考えられてきた。

　しかしリジャットのビジョンはそのような考えにはことごとく当ては

まらないのに、創業者たちが去ったあともずっと生きつづけているのである。では、文書として記録されるだけではなく、従業員の心と頭に浸透するビジョンとは、どんなものなのだろうか?


## 優れたビジョンの3つの特徴


　数多くの組織やチームのビジョンステートメントを調べた結果、優れたビジョンには次の3つの特徴があることがわかった。

・世界に実在し、あなたが解決したいと願う問題を中心にしている
・はっきりと想像できる具体的な最終状態である
・あなたと、あなたがインパクトを与えたいと願う人々にとって有意義である


　ビジョンステートメントでは、「10億ドル規模の企業になる」「業界でナンバー1になる」「株主価値を生む」などといった経営陣の野望が表明されることが多い。業界の革命、破壊、あるいは再定義に野望が向けられることもある。

　だが、自分の組織に対する願望をビジョンにすべきではない。**ビジョンの中心はあくまで、あなたが世界にもたらそうとする変化、あなたのインパクトでなければならない**。たとえあなた自身とあなたの組織を全体像から差し引いても、それでもほかの誰かに解決してもらいたいと願える問題に焦点が当たっているとき、そのビジョンは優れていると言え

る。ビジョンとしてビジネス目標を掲げると、顧客の問題を解消するという点から意識が離れてしまい、顧客の問題に集中しつづけるライバルにつけいる隙を与えてしまう。

　あなたに問題を鮮明に表現するビジョンがあれば、チームはその問題を直感的に理解し、それを解く明確な目的を胸に抱くだろう。


## ビジョンを解像度高く描く

　何らかの変化を実現するとは、今存在しない何かを生み出すことを意味している。そのために、あなたとチームはともにつくる世界のビジョンとして、その変化が起こったあとの世界をはっきりと想像できなければならない。

　ゴールが抽象的な漠然とした何かではなく、具体的で明確であれば、人々がそれを受け入れ、自らの夢にする可能性が高くなる。そのようにイメージを共有するには、あなた自身のビジョンが詳細でなければならない。短いスローガンだけでは、あなたの望む世界像を明らかにすることはかなわないだろう。

　ビジョンが詳しければ、自分がビジョンに近づいているのか、それとも遠ざかっているのかも理解しやすくなる。最終的なゴールのイメージを道しるべにすることで、あなたとチームは世界に変化をもたらすために自分たちが正しい道を歩んでいるのか、それともコースの修正が必要なのかを判断できるだろう。

　ビジョンステートメントの多くは、組織内の歩調合わせだけを目的に

している。しかし実際のところ、ビジョンはあなたのチームを導くガイドであると同時に、外へ向けたメッセージの基盤でもあるのだ。したがって、ビジョンはあなたが旅の道連れにしたい人々、あなたがインパクトを与えたいと願う人々の心に響かなければならない。

　あなたが顧客のために変化を生みたいと願い、そのビジョンを顧客と分け合うのなら、顧客もあなたに応えてくれるだろう。この点が、「業界のリーダーになる」のようなビジョンステートメントを避けるべき理由だ。顧客にとっては、誰がリーダーかなんて関係ない。彼・彼女らは自分の抱える問題を解決してくれるプロダクトを手に入れたいのである。

## 身の丈に合ったビジョンとする

　では、今のビジョンがこれらの基準を満たしているかどうか、どうやって見極めればいいのだろうか？　まず、チームメンバーや一部の顧客にビジョンについてどう思うかを尋ねればいい。もしビジョンが解決に努める問題をはっきりと示し、人々の心に響いているのなら、彼・彼女らのほうもあなたと同じビジョンを、それぞれの言葉で表現するだろう。これこそが、ビジョンが共有されていることを示す真のサインである。

　もし、あなたのビジョンが人々の心に届かず、したがって消化もされていないのなら、彼・彼女らはそのスローガンをそのまま繰り返すか、あるいはそのビジョンを覚えていないと言って困惑するだろう。

　ビジョンステートメントの作成を始める前に、次の点を肝に銘じてお

こう。数多くの研究の結果が、人は自分の身の丈よりも大きい問題に取り組んでいるときにモチベーションが高まると示しているため、実際に自分が取り組んでいる問題とは直接関係のない壮大なビジョンステートメントを書いてしまいがちだ[注1]。しかしこの誘惑に逆らって、身の丈に合ったビジョンステートメントをつくることを心がけよう。

　私との会話の最中、ブロックチェーン技術のスタートアップでプロダクトマネジメントのリーダーを務めるアン・グリフィンが、自らの経験談として次のように語った。

　「私たちは、正義をもっと身近なものにすることをビジョンとして宣言しました。でも実際には、顧客のほとんどが法律事務所で、私たちは彼・彼女らの顧客基盤を固めるための機能を開発しつづけていました。つまり、このビジョンが人々の手に正義を届けることはなかったのです」。

　このグリフィンの経験談はヒーロー症候群の症状だと言える。壮大で刺激的に聞こえる現実離れしたビジョンを掲げようとするプロダクト病だ。あなたのインパクトは壮大な言葉である必要はないし、あらゆる人々の世界を変える必要もない。

　あなたが解決しようとする問題をあなたのチームがはっきりと理解できる、身の丈に合ったビジョンを採用すべきだ。


## 優れたビジョンステートメントのつくり方


　優れたビジョンの特徴がわかっても、真っ白の紙を埋めるのは簡単な

ことではない。ビジョンづくりのビンゴゲームに参加していて、どんなに頑張ってもどこかで聞いたことがあるようなビジョンしか思いつかないのでくたびれてしまった——あなたにもそんな経験がないだろうか？真っ白の紙を目の前にすると、それにふさわしい完璧な言葉を見つけようと思って、それがかえってプレッシャーになってしまう。

その結果、自分のビジョンを表現するのに、過去にどこかで聞いたことのある言葉を使ってしまい、最後にはビジョンを示すのに適した言葉の「選択と吟味」に明け暮れてしまう。

この問題を軽減し、言葉選びの沼にはまることなしにビジョンに集中しつづけるために、穴埋め形式で書かれた以下の**ラディカル・ビジョンステートメント**を利用するのがいいだろう。

> 現在［特定のグループ］が［望ましい結果］を望むとき、彼・彼女らは［現状の解決策］しなければならない。この状況は［現行解決策の欠点］のため、受け入れられない。我々は［欠点の克服された］世界を夢見ている。我々は［テクノロジー／アプローチ］を通じて、そのような世界を実現するつもりである。

リジャットの場合、ビジョンステートメントは次のようになるだろう。

> 現在［貧しい世帯の恵まれない女性たち］が［家庭を切り盛りしながら子供たちに教育を与えたいと］望むとき、彼女らは［夫の収入や親戚からの借金や慈善団体からの寄付を受け］なければならない。この状況は［男性中心の社会では女性たちには家計には口出しがほとんどできないうえ、持続的な収入源が

なければ子供の教育もままならず、結果として貧困が継承されていく］ため、受け入れられない。我々は［女性が自営業を営み、自立し、社会経済的な進歩を率いる］世界を夢見ている。我々は［慈善に頼ることなく、顧客のニーズを満たす高品質で売れ筋の商品を生産すること］を通じて、そのような世界を実現するつもりである。

このようなビジョンステートメントはラディカルであり、あなたがこれまで学んできたビジョンステートメントの書き方のルールのすべてに反しているだろう。さまざまなチームを相手にこのエクササイズをやるたびに、私は真っ先に次の質問に出くわす。

「ビジョンステートメントとはもっと短くて覚えやすいものであるべきでは？　これではステートメントというよりも、まるでエッセイだ！」。確かに、これまでビジョンステートメントは誰もが覚えることができるように短くあるべきだと言われてきた。ビジョンステートメントを〝覚える〟ことに主眼が置かれていたのだ。

しかし、ラディカル・プロダクト・シンキングはビジョンをしっかりと理解して自分のものとすることに重点を置く。**深い問いに対して、チームメンバーの全員が独自の言葉で同じビジョンを語れるようにする**のが、ビジョンステートメントだ。

従来のビジョンステートメントに対する取り組み方のアドバイスは、ブランドスローガンとビジョンの混同を引き起こしてきた。一方、詳細なビジョンがあればチームにとって目指す最終ゴールが明確になり、ビジョンを実行に移すことや適したプロダクトをつくるのが容易になる。

あなたも、この〝穴埋めステートメント〟をチームのための青写真と

みなせばいいだろう。この計画書は一般の人々には細かすぎて、あなたが何を建てようとしているのかわからないかもしれない。そこで、マーケティングチームがこの青写真をもとに立体模型（ブランドのポジショニング、イメージ、スローガンなど）をつくって、自分たちが何をしようとしているのかを世間にアピールするのである。

しかし、外部とのコミュニケーションのために簡潔なバージョンや画像を作成したとしても、あなた自身には、プロダクトづくりのための青写真が欠かせない。議論が白熱したり、何らかの決断に迫られたりしたときに、きっとビジョンステートメントのありがたみを実感するだろう。そんなときにはビジョンステートメントを指して、「我々はこのビジョンに忠実だろうか？」と問えばいいのだから。

ビジョンは特定の行動を除外できるほど詳しくなければならない。言い換えれば、すべての行動や活動がビジョンと互換性があるようでは、何かがおかしいということだ。この点は、ビジョンは大きくて野心的であるべきだとする従来の考え方と大きく異なっている。

自分のビジョンに対してさまざまな機会やシナリオを想定して、「これは私のビジョンに合致しているだろうか？」と問いかけてみよう。どの場合もビジョンと合っているなら、そのビジョンはあまりにも漠然としているということになる。穴埋めステートメントを活用して、ビジョンの細部を彩ろう。

たとえ、最終ゴールが極めて大胆なものだとしても、短期的な目標は達成できるものでなければならない。上述の穴埋め形式のステートメントを使ってビジョンを表明したうえで、以下に紹介する**ビジョン進化ステートメント**を最終ゴールの設定に活用しよう。

> 我々は［基本テクノロジー/アプローチ］を通じて［顧客セグメント］が［活動/成果］を行う方法を変えることから始めた。それ以来ずっと学習と成長を続け、今、次の大きなステップは［最終状況］だと確信している。

スペースX（SpaceX）は再利用可能なロケットの建造から始めた。この短期目標は理論的に実現が可能であり、ロードマップの通過点と定義することができた。その一方で、同社のビジョンの発展形は火星で人類の生活を可能にするという大胆な最終目標を掲げている。

## ビジョンステートメントに欠かせない要素

ラディカル・ビジョンステートメントはチームを〝誰・何・なぜ・いつ・どうやって〟の観点から同じ方向へ進ませるようにデザインされている。穴埋めステートメントを用いてビジョンを言語化すれば、次の疑問にもすんなりと答えられることに気づくだろう。

・あなたは〝誰〟の世界を変えようとしているか？　あなたが解消したいと願う問題を抱えているのは誰か？
・あなたには世界がどのように見えているか？　彼・彼女らは今、〝何〟を目指して、どう取り組んでいる？
・〝なぜ〟現状は受け入れがたいか？　（もしかしたら、現状は受け入れがたいものではない可能性もあることを忘れないように）

・あなたは〝いつ〟自分のビジョンが実現できたことを知るか？

・あなたは〝どうやって〟その変化を生むつもりか？

ここからは、これらの問いに答える方法を見ていこう。

## 誰の世界を変えようとしているか？

〝誰〟を問うことで、自分がインパクトを与えたい人々を特定することができる。答えはできるだけ具体的であるほうがいい。「消費者」や「企業」などおおざっぱな表現ではだめだ。ほかとはっきりと区別できるグループでなければ、問題を具体的に特定することができない。

リジャットの場合、すべての女性のために世界を変えるのではなく、尊厳ある暮らしを得たいと願う教育を受けていない女性のニーズに焦点を絞った。

誰の世界を変えたいかという問いに答えるとき、あなたが最優先でインパクトを与えられるであろうすべてのグループをリストアップしてみよう。一例を挙げると、アマゾンのeコマース部門はターゲットをふたつのセグメントに絞っている。商品を買いたい消費者と商品を売りたい小売業者だ。その際、小売業者よりも消費者セグメントを優先するスタンスをはっきりと示していて、問題が生じたときには消費者側に立つことにしている。「誰の世界を変えようとしているか？」という問いに対する答えは、成果や、さらには構築しようとしているビジネスそのものに多大な影響をもたらす。

たとえば、リジャットのビジョンが女性に尊厳ある暮らしを可能にすることよりも消費者のニーズを優先していたなら、ビジョンとしては有効だったとしても今とはまったく違う結果をもたらしたに違いない。リジャットの成功は、同社で働いた結果として経済的な自立を勝ち取った女性の数で測られる。もしリジャットのビジョンが消費者を優先していたなら、市場シェアや顧客の満足度が成功の指標になっていただろう。

　しかしそれは、リジャットにとって市場シェアや顧客の満足度が重要ではないという意味ではない。もちろん、もしリジャットが質の悪いパパダムを売って収益が下がれば、自立する女性の数を増やすという目標を達成することはできなくなるのだから。


## 世界がどのように見えているか？


　あなたがサポートしたいと考えている人々の身になって、「彼・彼女らが今直面している問題は〝何〟だろうか？　彼・彼女らは今、何を目指して、どう取り組んでいるのだろう？」と考えてみよう。

　リジャットで働く女性たちのほとんどは貧しい家庭の出身で、子供時代にも最低限の教育しか期待できなかった。大多数は家計を助けるために、若くして学校へ行くのをやめた。そのため成人してからも就職のチャンスは乏しかった。

　2009年にリジャットの社長に選ばれたパラドカルは、10歳の若さで働きはじめた。父親が亡くなり、母親がリジャットのメンバーになったことがきっかけだった。生きる収入を得るために、母とパラドカルと3人

の姉妹が毎日30キロから34キロ分のパパダムをつくった。

　正式なメンバーになったのは1971年で、パパダムづくりにいそしみながら、学校へも通いつづけた。リジャットで働くことで、パラドカルはふたりの息子に教育を授けることができた。今、息子はどちらも独自の家庭を築き、不自由なく暮らしている。そのような物語は、リジャットで働くほかの女性からも聞くことができる。

　リジャットの創業者たちは「男性中心の社会では、女性は自ら収入を得ない限り、家庭の支出に口出しすることが許されず、そのため子供たちの教育に費やす額も決めることができない」という問題に取り組もうと考えたのである。

## なぜ現状は受け入れがたいか？

　次は、ビジョンの〝なぜ〟を問う番だ。ここまでは、問題を明らかにすることに注目してきた。では、なぜその問題は解決されなければならないのだろうか？　解決せずに放置したらどうなる？

　リジャットでは「なぜ現状は受け入れがたいか？」に対する答えはとてもはっきりしていた。「子供たちを教育するだけの経済的自立がなければ、多くの家庭は貧困のサイクルから抜け出すことができない」だ。

　ビジョンを言語化するとき、場合によっては現状を変える必要がない可能性もあることを意識しておかなければならない。しかしながら私たちは、創造と破壊は避けられないものであり、この先の進歩につながると考えたほうがいい。

ベンチャーキャピタリストのジョシュ・リンクナーは著書『Road to Reinvention（改革への道）』（未邦訳）で、これからのビジネスとは「破壊させるかさせられるかだ」と説いている[注2]。

　『ハーバード・ビジネス・レビュー』誌の記事「The Innovator's DNA（イノベーターのDNA）」では、イーベイ（eBay）の元CEOであるメグ・ホイットマンの言葉として次の一節を引用している。イノベーターは「現状を打破することに快感を覚える。彼・彼女らには現状が我慢ならない。だから、ものすごい時間をかけて世界を変える方法を考えるのである。ブレインストーミングを行うとき、イノベーターは〝もしこれをやったら、何が起こるだろうか？〟と問う」[注3]。

　しかし、明確な最終ゴールのイメージがないまま現状を壊してしまうと、イテレーティブ型のアプローチに陥ってしまうことが多い。一方、ビジョン駆動型でことを進めるなら、目的のないままただやみくもに破壊を引き起こすようなことはなく、その代わりに「現状を受け入れることができるか否か」を問うようになる。

　その際に大切なのは、あなたにとって現状は受け入れられないものでも、あなたがインパクトを与えようとしている相手の人にとっては、現状はそれほどひどくないのかもしれない可能性を認めることだ。

　例としてセグウェイのケースを挙げることができるだろう。セグウェイは2001年にABC放送の『グッド・モーニング・アメリカ』において、徒歩に代わる優れた移動手段として大々的に発表された。ところが、想定顧客のほとんどが、歩いて仕事に行くことがなかったのだ。都会で歩いて通勤するのが受け入れられないほど苦痛だと感じていた人はほとんどいなかったのである。

　この教訓から、あるビジョンはあなたにとっては意義があっても、あ

なたが思い描いている人々にとっては有意義ではない可能性もあるという事実がわかるだろう。


## いつビジョンが実現できたことを知るか？


変化の最終的な結果を具体的に想像して、それがどのような様子であるかを問うのが〝いつ〟の姿勢だ。

崇高な最終状態を想定したくなる気持ちはわかる。リジャットの場合、最終状態として「女性の権利の拡大」などと宣言されてもおかしくないだろう。とても覚えやすいし、印象的なスローガンだと言える。

しかし、そこには組織としてどうやってその状態にいたるかという道筋が欠けているため、数多くの疑問が残る。どのような過程を通じて女性の権利を増やせるのだろうか？　リジャットで働く女性たちは、どうなったときに女性の権利が拡大されたと知ることができるのだろう？　そのような問いの答えが、自分がうまく前進できているのか、それとも軌道修正が必要なのかを教えてくれる道しるべになる。

リジャットの場合、社会経済的な地位が低い家族出身の女性が安定した暮らしを営み、家計支出に対してより多くの意見を言える立場になり、子供に適切な教育を与え、次の世代を貧困から救い出すことができる世界の実現が、望ましい最終状態だ。

## どうやってその変化を生むつもりか？

　最後に〝どうやって〟の疑問に向かい合う。ここに来てようやく、あなたが世界にもたらしたい変化を実現するためのプロダクトやテクノロジー、あるいはアプローチについて話すことになる。

　リジャットが変化を生むために選んだ手段は、メンバーに加わった女性たちが自宅でつくることができる消費者向け高品質プロダクトだった。リジャットはパパダムを皮切りに、スパイスや石鹸などほかの商品へと拡大していった。

　目指す変化を引き起こす方法を描写することで、ビジョンをチームが実行可能な形にすることができる。実行する段階で、その方法を修正する必要が明らかになる場合もあるかもしれない。だからこそラディカル・プロダクト・シンキングは、**望まれる変化をもたらすために絶えず改善が可能なメカニズムとプロダクトを定義する**のである。


## 4万5000人にビジョンを浸透させる

　ビジョンを段階的な行動に置き換えるためには、ビジョンをチームや組織全体に浸透させる必要がある。リジャットは4万5000人のメンバーの女性たちが自宅で作業している。品質にばらつきが出てもおかしくない環境であるにもかかわらず、高品質で知られている。高品質の約束を果たすために、リジャットは4万5000人全員にビジョンを深く浸透させ

なければならなかった。

　誰もが同様の効果を得られるように、ラディカル・プロダクト・シンキングのビジョンステートメントはあえて穴埋め形式を採用している。チームで協力しながらステートメントを作成することで、言葉遣いではなく内容のほうに意識を向けることが容易になるだろう。

　私自身、さまざまなワークショップに参加してわかったのだが、たったふたりのスタートアップでも、両創業者がそれぞれ異なる〝誰・何・なぜ・いつ・どのように〟を想定していることが多い。そのような食い違いを明らかにして初めて、共通のビジョンを得ることができる。

　これをチームで行うなら、穴埋めビジョンステートメントをホワイトボードに書き出して、各自に〝誰のために・何を・なぜ・いつ・どのように〟の答えを付箋紙に書いてもらい、それを文章の穴に貼りつけていくといい。そしてあなた自身の答えも述べて、それぞれの意見の共通点や相違点を探りながらチームとして同意できる案を形づくるのである。

　通常、そのようなセッションを通じて1時間から2時間ほどでビジョンが完成する。それだけの時間でチームの足並みを正確にそろえることができるのだから、長期的に節約できる時間は計り知れない。

　メンバーの賛同と足並みを保つために、ビジョンステートメントを定期的に再検査することが重要だ。〝誰のために・何を・なぜ・いつ・どのように〟という極めて本質的な疑問に対する答えは変わることがある。情勢が変わって、「あなたには世界がどのように見えているか？」に対して新しい答えが必要になるかもしれない。

　市場の変化の典型例としてコロナ禍を挙げることができるだろう。そのような事態が起こったとき、あなたが解決しようとする問題の中身が少し、ときには大幅に変わってもおかしくない。ビジョンの実現を試み

るうちに新たな発見があり、それに応じて〝誰のために・何を・なぜ・いつ・どのように〟の答えが変わる可能性もある。

　つまり、ビジョンステートメントをチームで定期的に見直したほうがいい、ということだ。成熟した市場では、6カ月に1回ぐらいでいいかもしれない。一方、次々と新しい発見が行われたり、急成長していたりする市場に属する新興市場やスタートアップの場合、1カ月に1回ぐらいレビューしたほうがいいケースも考えられる。

　ラディカル・ビジョンステートメントをチーム全体でつくり修正すると、チームの一人ひとりがそのビジョンに関与することになる。しかし、ビジョンを自分のものにするには関与だけでは不十分で、世界にもたらそうとする変化に対する深い責任感も養わなければならない。そのためにも、あなたはチームの全員に、あなたが変えたいと願う現状を経験しておいてもらう必要がある。

　リジャットの場合、メンバー女性は貧しい家庭の出で、尊厳のある暮らしを得ることができなかったという共通する過去がある。そのため、同じ状況に置かれたほかの女性たちの生活を改善するという目標に対して、誰もが責任感を抱いている。

　質の高いパパダムをつくることは、女性たちにとってビジョンを実現するためのメカニズム。だからこそ、誰もが自発的に品質保持に努めているのである。パラドカルはこう表現する。「生産のあらゆる段階で、メンバー女性たちは高水準にして適正な品質の維持を強く意識しているので、水準に満たないパパダムを見落とすことはほぼありえない」。

　リジャットで働く女性の誰もが、組織のビジョンの影響で自分たちの家族の未来が明るくなったことを実感している。これこそが、ビジョンを自分のものとして消化する際に欠かせない要素である。もし、あなた

のビジョンの影響が容易に実感できない性質であるなら、チームメンバーにそれを体験できる機会を特別に設ける必要があるかもしれない。

## ビジョナリーモーメントの力

アカマイ（Akamai）をコンテンツ配信ネットワークとクラウドサービスのプロバイダーとして共同創業したとき、ダニー・ルーウィンには壮大なビジョンがあった。アカマイを発展させる過程で、ルーウィンは自らのビジョンをチームに押しつけるのではなく、ビジョンの力を実感する機会を与えることにした。

アカマイの最高セキュリティ責任者であるアンディ・エリスは2019年のインタビューで私に、エリスが**ビジョナリーモメント**と呼ぶやり方を用いて、ルーウィンが自らのビジョンをチームに浸透させたと語った。

2000年の後半、ルーウィンとエリスはアカマイにとって最初となる、金融取引向けの安全なコンテンツ配信ネットワークを構築していた。しかし作業を始めたころ、どうすれば金融サービスの顧客が納得するほどプロダクトを安全にできるのか、まだ自分たちでも理解できていなかった。当時、エリスがそのプロダクトの主任開発者だった。「正直なところダニーのビジョンが壮大だったので、開発を行っていた私ですらそれを本当に信じることができなかったのです」とエリスは回想する。

エリスにターニングポイントがやってきた。ある早朝、有力金融サービス会社の幹部たちにアカマイのセキュアネットワークを信頼するよう説得する仕事をルーウィンから託されたのだ。エリスは思い出す。「私

はまだ寝ぼけていて、自分でも連中が信頼するはずがないじゃないかと思っていました。当時はドットコムバブルが崩壊したばかりで、私たちは現金も顧客もどんどん失っていたのです。ひどい時期でした」。

それでもエリスは受話器をつかみ、顧客にプロダクトについて話し、それがいかに役に立つかを説明した。「私が話し終えたとき、しばらく沈黙が続きました……。すると、電話の向こうである人物が近くにいる誰かに『自分たちでやるよりもいいんじゃないか』とささやく声が聞こえたのです」。

この瞬間を、エリスはビジョナリーモメントと呼ぶ。**ビジョンが顧客にインパクトを与える瞬間**だ。ビジョナリーモメントを経験したエリスは、ルーウィンのビジョンの実現をサポートする人物から、そのビジョンを自ら胸に抱く人物に変わった。

その後1年もたっていない2001年9月11日、ルーウィンはアメリカ同時多発テロ攻撃の最初の犠牲者となり、命を落とした。しかし、彼のレガシーは今もアカマイで生きつづけていると、エリスは言う。

「ダニーから受け取ったもの、つまりビジョナリーモメントを私はほかの人々にも分け与えようと努めています。彼・彼女らにもビジョンのインパクトを知ってもらうためです。それを知って初めて、彼・彼女らもビジョンに向かって進むことができるのですから」。

エリスはこうつけ加えた。「このマインドセットが、私たちをウェブトラフィックの15パーセントから30パーセントを担う大企業に育ててくれました。18年前には想像もできなかったほどの大成功です」。

ビジョナリーモメントを引き起こす方法のひとつは、チームメンバーに現状に苦しんでいる人々を観察させることだろう。ソフトウェア開発者やプロジェクトマネージャー向けのプロダクトを開発しているアトラ

シアン（Atlassian）はこれを大規模に行うために、チームのビジョンを明らかにするビデオ映像を制作することが多い。

アトラシアンで最上級プロダクトマネージャーを務めるシェリフ・マンスールは私との会話で、「そのビデオのなかで、私たちが解決しようとする問題に苦しむユーザーと、私たちがユーザーのために考えたソリューションが明らかにされます。その際、映像に重ねた音声が内容を説明するので、誰もが映像に対して同じ解釈をするようになります」と語った。

みんなにユーザーの問題と、企業がユーザーの生活の改善に何ができるかを実際に見てもらうことで、組織全体にビジョナリーモメントを広めることができるのである。

## ビジョンを自分事化する

ビジョナリーモメントを引き起こすだけでなく、チームの全員がそれぞれビジョンに対してどのような貢献ができるかを理解させることも重要だ。メンバーのそれぞれに何が求められているかを知ってもらうことは、リジャットの経営モデルでも成功の鍵となる。

たとえば、女性に自営業者としての権限を与えるというリジャットのビジョンは、4万5000人のメンバー全員がリジャットのオーナーであり、平等に利益を共有するということを意味する。頭の体操として、年功序列や個人の業績とは関係なしに4万5000もの人が平等なパートナーとして扱われる法律事務所やコンサルタント会社を想像してみよう。イメー

ジすらできないのでは？

　ところがリジャットでは、このモデルが60年以上も機能しているのである。利益を平等に分けるには、誰もがほかの組織とはまったく違う形で報酬というものを理解していなければならない。ビジョンに沿った報酬の理解が必要だ。

　リジャットでは、誓約書が集団的なビジョンを個人の使命に翻訳する役割を担う。パラドカルはこう説明する。「どのシスターも組織のメンバー兼共同オーナーになる際に、誓約書にサインをします」。その誓約書には、各自が同意しなければならない責任の数々が細かく記されている。たとえば、毎日最低5キロのパパダムをつくる義務などだ。

　しかし、そこには同時に利益分配に関して各メンバーが受け入れなければならない考え方も書かれている。「家族みんなで集まってパンケーキを食べているときに、誰が何枚食べたかを数える者はいない。同じように、私は〝利益の〟分配においてそのような計算を一切行わない。〝私にほかの誰よりも多くの収入を〟という考えを捨て、ほかの誰も私よりも少ない収入を得ることがあってはならないと考えると誓う」。

　メンバー女性の誰もが集団としてビジョンをはっきりと意識し、生地をこねたり分けたりする、パパダムを丸く広げる、できあがったパパダムを集めるなどといった行動や役割を通じて、ビジョンにどう貢献できるかを理解している。

　企業の世界でも、すべての役割に関して、それらが共有ビジョンにどう貢献できるかを従業員に伝える必要がある。明確なビジョンをもっているのはリーダーたちかもしれない。しかし、チームメンバー全員がソフトウェアエンジニアやカスタマーサービスなどそれぞれの役割を通じて、企業が目指す変化を引き起こすのである。

あなたのビジョンを組織内の垣根を越えて広めるには、それぞれの仕事を通じて集団的ビジョンにどう貢献できるかという観点から、各チームに独自のビジョンを打ち立てさせるのがいい。ラディカル・プロダクト・シンキングを採用した人のなかには、自分専用の個人ビジョンステートメントを書いて、自らの仕事を通じてどのようなインパクトを生み出したいかを表明する者もいる。

　実際に個人レベルにまで踏み込むかどうかは別問題としても、マネージャーには、チームビジョンにそれぞれどのような形で貢献できるか、チームの全員と個人的に話すことは可能なはずだ。実際に話してみれば、同じようなスキルをもった人々も、各自の仕事を通じたインパクトの点では、とても異なった考え方をすることに気づくだろう。

　ビジョン駆動型プロダクトを開発するには、実現したい世界に対する明確なビジョンが欠かせない。優れたビジョンが道しるべとなり、私たちは前進しているのか、道を踏み外しているのかがわかる。

　ビジョンが方向性を示してくれるから、財務指標の上下などではなく、最初に想定した世界の実現に近づいているかどうかという点で、日常のイテレーティブな活動の成果を評価できるのである。

- 説得力のあるビジョンを作成することが、世界にもたらしたい変化を思い描く最初のステップになる
- 優れたビジョンには次の特徴がある
  - あなたが解決したいと願う問題を中心にしている
  - はっきりと想像できる具体的な最終状態である
  - あなたと、あなたがインパクトを与えたいと願う人々にとって有意義である
- ラディカル・ビジョンステートメントを用いることで、表現方法に悩まされることなく、内容に集中して優れたビジョンを作成することができる。その際、チームとして次の重要な問いに答えることで、メンバー間の意見の不一致を見つけたり、修正したりしやすくなる
  - あなたは〝誰〟の世界を変えようとしているか？
  - あなたには世界がどのように見えているか？ 彼・彼女らは今、〝何を〟目指して、どう取り組んでいる？
  - 〝なぜ〟現状は受け入れがたいか？
  - あなたは〝いつ〟自分のビジョンが実現できたことを知るか？
  - あなたは〝どうやって〟その変化を生むつもりか？
- 明確なビジョンが得られたら、それを広めることに努める
  - ラディカル・ビジョンステートメントのテンプレートを用いてチームとともにビジョンを煮詰めることで、メンバーから賛同を得る
  - ユーザーの現状への不満と、自分たちのソリューションがそれを改善する様子を観察することで、チームにビジョンを浸透させる
  - 組織内のすべてのチームに、組織全体としてのビジョンに則した独自のビジョンステートメントを作成する権限を与え、ビジョナリーを育成する。メンバーそれぞれに、自分の仕事がチームビジョンと組織ビジョンにどう貢献するかを示す

# 第4章
# 戦略
## ──「なぜ」「どのように」行うか

ビジョンをはっきりと示すことができたら、次にそのビジョンを実現するためのプロダクト戦略を立てなければならない。マイクロクレジットにまつわる物語を眺めれば、ビジョンとプロダクト戦略を組み合わせることがどれほど重要か、よくわかるだろう。

2006年、経済学者のムハマド・ユヌスとグラミン銀行にノーベル平和賞が与えられた。貧困をなくすというビジョンを実現するためにマイクロクレジットという仕組みを開拓したからだ。しかし、マイクロクレジットがグラミン銀行以外でも商品化されたため、最近の調査の結果はポジティブなものばかりではない。

マイクロクレジットの利用率は予想を下回っているし、利用した人々も必ずしも貧困を脱したわけではない。何が間違っていたのだろうか？

貧困をなくすというビジョンは鮮明だし、理にかなっているが、どうやらマイクロクレジットはその変化をもたらすための戦略として適していなかったようだ。

貧困解消の手段としてのマイクロクレジットという考え方は、最も貧

しい人たちも起業する意欲を胸に秘めているという大前提にもとづいていた。ユヌスは大多数の人の問題は起業に必要な資本が不足していることであり、融資を得ることさえできれば、彼・彼女らも小さなビジネスを立ち上げることができるはずと確信していた。

　たとえば、あるケーススタディを通じて、20ドルの融資を受けた女性が籐（とう）のバスケットをつくる小規模な事業を興し、それが籐家具をつくるまでに拡大した例が知られている。そのため、マイクロクレジットを大規模に展開すれば、コミュニティ全体を貧困から救うことができると考えられたのだ。

　13年後の2019年、ノーベル経済学賞受賞者のエステル・デュフロとアビジット・バナジーが経済に科学的にアプローチする方法を開拓した。著書『貧乏人の経済学』（みすず書房）のなかでデュフロとバナジーは、長期的に見ると貧困対策の多くが失敗すると指摘し、その理由として貧困を不完全にしか理解していないからだと説いた。両者のマイクロクレジット研究は、貧困に関するいくつかの中心的な仮説がそもそも間違っていると示している[注1]。

　貧しい人のほとんどが事業を興すことに関心があるため貧困対策としてマイクロクレジットが有益であるという前提は、話をあまりにも一般化しすぎていた。実際に起業意欲のある人にとっては、マイクロクレジットは大いに役に立っただろうが、社会から貧困をなくすほどの影響はなかった。つまり、融資を受けられないことが貧しい人々の問題の中心だという想定そのものが間違っていたのである。

　マイクロクレジットに関するもうひとつの大きな仮説は、自ら興した事業に投資すれば融資を受けた人々の収入が増えていく、というものだった。しかしながら、スタートアップも成功するケースもあれば成功

しないものもあるように、手に入れた少額融資を自分のビジネスに投資したからといって、必ずしもそれが利益につながるとは限らないのである。平均して、マイクロクレジットの効果は大きな変化につながらなかった。

　加えて言えば、起業するというのは本当に大変なことなのだ。創業者と呼ばれる人なら、誰もがうなずくだろう。デュフロとバナジーの調査によると、得た少額融資を自らの事業に投資した人々は、そのビジネスの運営に多くの時間を費やした。その事業が順調だったとしても、借り手たちはふたつ目の仕事に費やせる時間がなかった。その結果、多くの場合で、純利益はほとんど増えなかったのである。


## 戦略なきマイクロクレジットの拡大


　グラミン銀行以外の金融機関がマイクロクレジットの商品化を始めたことで、マイクロクレジットは貧困をなくす仕組みではなく、それ自体が問題に発展した。多くの社会起業家はマイクロクレジットを、自らの富を増やすための機会と捉えた。たとえば、メキシコのコンパルタモス銀行は2007年に上場し、インドのSKSマイクロファイナンスは新規株式公開で3億5800万ドルの調達に成功した。

　そのような機関は財務指標の最大化に意識を向けるため、それらが採用する戦略や方法はマイクロクレジットの本来のビジョンからどんどんかけ離れていった。グラミン銀行はマイクロクレジットを融資するとき、借り手に対して金融の仕組みや複利の影響などについて説明するよ

う努めた。

その一方で、マイクロクレジットを商品化した企業はアグレッシブなマーケティングや債権回収に専念した[注2]。金融に疎い借り手たちは複利の影響などを理解していなかったため、今のローンを返済するためにさらなる借金を積み重ねた。貸し手のほうはローンの返済を成功の尺度としたため、現実問題として、借り手の多くは雪だるま式に負債を増やしていったのである。

マイクロクレジットを商品化した企業が利益を増やすために金利を引き上げたとき、マイクロクレジットの命運は尽きた。金利の上昇によってマイクロクレジットというビジネスモデルの性質が一変し、本来サポートするはずだった人々に正面から対立することになった。金利が上がったため、悪徳金融業者も参入してきた。

結果、借り手との信頼関係が崩れた。借り手は金融業者に悪用されていると感じて返済をしなくなり、最後にはマイクロクレジット業界そのものが崩壊の危機に瀕したのである[注3]。かつてマイクロクレジットを貧困の解決策とみなしたユヌスは、同経済モデルが貧困から利益をむさぼる何かに変わったと言って鋭く批判した。

## RDCL戦略とは何か？

このマイクロクレジットの例は、たとえ急進的なビジョンが先行していても、一貫した戦略がなければプロダクトが間違った方向へ発展していく恐れがある事実を示している。

ラディカル・プロダクト・シンキングのアプローチでは、プロダクト戦略は次の4つの問いを中心にしている。この4つを本書では覚えやすいようにRDCL（「ラディカル」と読む）と呼ぶことにする。

## 1　R＝リアル・ペイン・ポイント（真の問題点）

　人々はどんなリアルな問題（ペイン・ポイント）を抱えているから、あなたのプロダクトを利用するのだろうか？　マイクロクレジットの場合は、貧しい人のほとんどは起業意欲があるが、事業を興すあるいは拡大する資本をもたないことが問題点と想定された。

## 2　D＝デザイン

　あなたのプロダクトのどんな機能がその問題を解決するのだろうか？
　マイクロクレジットは、起業家を貧困から救う目的で上記の問題点に対する解決策としてデザインされた。しかしデュフロとバナジーが、マイクロクレジットは一部の起業家にとっては有益だったが、貧困の解決には適していないと証明した。
　貧困問題の理解を試みた両者の科学的な研究を通じて、リアル・ペイン・ポイントとデザインは、仮定だけにもとづくのではなく、現実でも検証されなければならないことが明らかになった。

## 3　C＝ケイパビリティ（能力）

　ソリューションが提供できる価値の約束を果たすのに、どれほどのケイパビリティや基盤が必要になるだろうか？　マイクロクレジットを有効に活用するために、グラミン銀行は借り手の金融知識の強化にも投資した。マイクロクレジットを商品化した企業は別のケイパビリティ——

アグレッシブなマーケティングと債権回収——に投資した。

　このケイパビリティはリアル・ペイン・ポイントやデザインに適していなかったため、マイクロクレジットは好ましくない方向へ発展していった。

## 4　L＝ロジスティクス

　ソリューションをどうやってユーザーに届けるか？　リアル・ペイン・ポイントとデザインとケイパビリティを踏襲した持続可能なビジネスモデルの構築が重要と考えたグラミン銀行は、低金利で融資を行いながら、スタッフを寮に住まわせるなどして低コストの維持に努めた。マイクロクレジットを商品化した企業は金利を上げ、ビジネスモデルのロジスティクスをビジョンと戦略から切り離した。


　以上のリアル・ペイン・ポイント、デザイン、ケイパビリティ、ロジスティクスの4要素がビジョンと整合していなければ、マイクロクレジットがそうであったように、プロダクトの先行きは暗い。

　優れたプロダクト戦略はRDCLのすべてを包括し、検証を通じて現実的でありつづけなければならない。**RDCL戦略キャンバス**（図2）を利用して、次に紹介する4つのステップを通じて自分なりの戦略を立ててみよう。

　このキャンバスはRadicalProduct.comからダウンロードできる「ラディカル・プロダクト・ツールキット」にも含まれている。

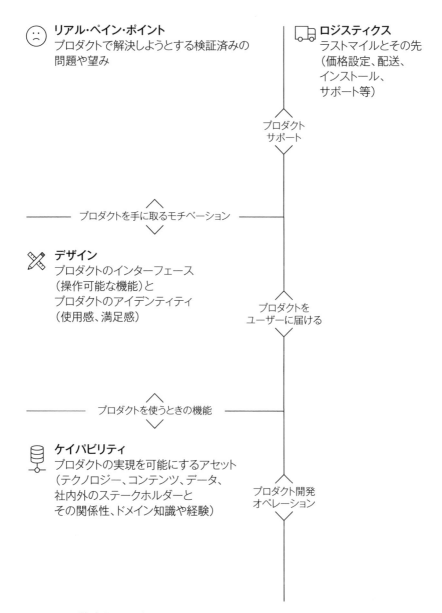

リアル・ペイン・ポイント
プロダクトで解決しようとする検証済みの
問題や望み

ロジスティクス
ラストマイルとその先
（価格設定、配送、
インストール、
サポート等）

プロダクト
サポート

プロダクトを手に取るモチベーション

デザイン
プロダクトのインターフェース
（操作可能な機能）と
プロダクトのアイデンティティ
（使用感、満足感）

プロダクトを
ユーザーに届ける

プロダクトを使うときの機能

ケイパビリティ
プロダクトの実現を可能にするアセット
（テクノロジー、コンテンツ、データ、
社内外のステークホルダーと
その関係性、ドメイン知識や経験）

プロダクト開発
オペレーション

図2 **RDCL戦略キャンバス**

## ステップ1　ユーザーのリアル・ペイン・ポイントを見つける

　プロダクトを通じて何らかの変化を引き起こしたいと願うなら、人々にそのプロダクトに関心をもってもらわなければならない。そのためには、誰があなたのプロダクトを使う可能性があるか、彼・彼女らはどんな問題を解消しようとしているのか、しっかりと理解していなければならない。

　リジャットのケースを思い出してみよう。リジャットが4万5000人もの女性に経済的な自立をもたらすことができたのは、創業者たちがそれら女性たちの属する社会状況を、つまりリアル・ペイン・ポイントを深く理解していたからだ。

　リアル・ペイン・ポイントを把握するには、自分のプロダクトを誰が使うかを知り、彼・彼女らがそのプロダクトを使って解こうとするであろう問題を理解する必要がある。彼・彼女らは何を成し遂げようとしているのだろうか？

　リジャット創業陣の意図はすべての女性に力を授けることではなかった。生計を立てるために収入を得たいと思うが、教育が不足しているため仕事に就くことができなかった低所得家庭の女性だけにターゲットを絞った。そうした女性のほとんどは昔ながらの男性中心の家族に属していて、家事と育児と年配家族の介護にいそしむことが求められていた。そんな女性たちが仕事に就くには、家族の同意が絶対に必要だった。

　しかし家族は、自宅で働き、家事や育児もこれまでどおりに続けるという条件がそろわなければ女性たちに仕事することを認めなかった。この問題、つまりリアル・ペイン・ポイントを深く理解したうえで経営モ

デルを構築したため、リジャットは多くの女性の生活を変えることに成功したのである。

　では、顧客が企業である場合、どうやってターゲットを絞ればいいのだろうか？　ターゲット顧客と彼・彼女らの抱える問題を詳しく描写してみよう。たとえば、アクヴォ（Akvo）という非営利機関向けテクノロジーおよびデータツール会社のプロダクトマネージャーであるヤナ・ゴンビトヴァは、以前なら同社のターゲットはITリーダーたちだと説明しただろう。

　しかし、ラディカル・プロダクト・シンキングを学んだ今、ゴンビトヴァは次のようにターゲットを定義する。「多くの場合遠隔地で活動していて、データにもとづいてよりよい意思決定を行いたいと考えているが、データ解析の分野での知識と経験に乏しい政府機関やNGOのITリーダー」。

　ターゲット市場を広く想定することはたやすい。しかし、すべての人々のために何でもやろうとすると、誰の役にも立てなくなるリスクが増す。創業者の多くはターゲットを絞りすぎると、潜在的な市場サイズが小さくなると恐れる。そう不安になるのは当然だろう。将来性について思いを巡らすのは大切なことなのだから。しかし、適切に絞った少数の顧客にプロダクトを浸透させることができなければ、そもそも将来などないのである。

　ターゲット顧客と彼・彼女らのペイン・ポイントを定義するとき、大切なのはそのペイン・ポイントがリアルであることを、つまりその実在を確かめることだ。ニディ・アガワルとジョーディー・ケイツと私が単に「ペイン・ポイント」ではなく、あくまで「リアル・ペイン・ポイント」と呼ぶことにこだわるのは、頭文字を（ペイン・ポイントのPでは

なくて）〝R〟にすれば、略語がRDCLになって「ラディカル」と読めることだけが理由ではないのである。

　問題がリアルであるかどうかを知るには、検証作業が欠かせない。マイクロクレジットが成功しなかったのは、想定されたペイン・ポイントの実在を検証しなかったからだと言える。ペイン・ポイントを検証しないままだと、不確かな基盤の上に戦略を立てるしかない。

　価値立証のために、ペイン・ポイントの価値を評価してその存在を確認する必要がある。要するに、次のようにまとめることができる。

**価値立証＝価値評価＋存在確認**

　ペイン・ポイントの価値を知るには、ユーザーが問題の解決に対して対価として何かを差し出すことに前向きでなければならない。たとえば、問題を解決するプロダクトの使用料金が価値交換のひとつの形だ。だが、ソーシャルメディアなどといった無料のプロダクトでも、ユーザーがプライバシーや時間を差し出すことで価値交換が行われる。

　ペイン・ポイントの価値を測らなければ、プロダクトから収益を上げるのは困難だろう。スタートアップのエコシステムでは、「最初に勢いに乗って、そのあとで収益化について考える」とよく言われる。しかし、ユーザーがペイン・ポイントに対してどれほどの価値を置いているかという問いを無視するこのアプローチにはリスクが潜んでいる。次の例を見てみよう。

　2012年に活動開始したブログプラットフォームのミディアム（Medium）は、8年間で1億3200万ドルのベンチャー資金を集めた。しかし、サイトのコンテンツに誰が代金を支払うのか、はっきりと定義さ

れていなかった。プラットフォームが初期に成長できたのは、同社が調達した軍資金から報酬を受け取ったライターたちが質の高いコンテンツを書いたからだ。

ところがまもなくして、この戦略を続けるのは不可能であることがわかったため、ミディアムは何度か広告ベースのビジネスモデルを模索したのち、最後にはサブスクリプションとして月額5ドルをユーザーに請求することに決めた。しかしながら、ミディアムは同社の提供する「深い調査にもとづく説明、洞察に満ちた視点、長続きする有益な知識」をユーザーが対価を支払ってもいいと思うほど高く評価しているのか、という点を検証したことがなかった[注4]。

メディアサイト「ニーマンラボ」の記事によると、ミディアムの最初の7年間は、「数え切れないほどの方向転換」と「インターネット上の出版業とはどうあるべきかという点に関する終わりのない考察」で埋め尽くされていたそうだ。要するに、同社はピボット症候群を患っていたのだ[注5]。2020年時点で、ミディアムはまだ利益を上げていなかった。

ペイン・ポイントは評価されることに加えて、存在が確認されて初めて〝リアル〟になる。あなたは痛みを感じている人々を自分の目で見ただろうか？　それとも、顧客は痛みを抱えていると予想しただけ？　自分がその痛みを感じている場合、存在確認が特に重要になる。自分で痛みを感じるとすぐにでも解消しようと思えるが、ほかの人も同じ痛みを抱えているのかを知ることが先だ！

ここで、私が何度かいっしょに仕事をしたことがあるUXデザイナーのジェレミー・クリーゲルの体験談を紹介しよう。ある医者が医療系のスタートアップを立ち上げた。彼は、自分がつくったカルテ記入ソリューションは世間の医者たちが待ち望んでいたものだと確信してい

た。結局のところ、彼自身医者なのだし、そのソリューションをずっと使ってきたからだ。

　しかし、少し観察するだけで、彼のペイン・ポイントはほかの医者にとってペイン・ポイントではなかったことがわかったのである。クリーゲルはこの例からの教訓を次のように表現した。「ペイン・ポイントがリアルであることを確かめるには、もしかしたらユーザーのニーズに関する自分の考えが間違っているのかもしれないと疑う気持ちから始めなければならない」。この疑う心が調査の原動力になる。

　エステル・デュフロとアビジット・バナジーは、政府やNGOは貧困に関する自分たちの考えは絶対に正しいと思い込んでいるので、その仮説の科学的な検証をおろそかにすると結論づけた。マイクロファイナンスでも同じことが起こった。

　ユーザーの観察やインタビューのやり方やベストプラクティスは本書のテーマではないので深入りしないが、スティーブ・ポーチガルの『ユーザーインタビューをはじめよう』（ビー・エヌ・エヌ新社）やエリカ・ホールの『Just Enough Research（ほどよいリサーチ）』（未邦訳）でユーザーリサーチに関する実用的なヒントやテクニックが紹介されている。

　ターゲットとなる顧客セグメントを特定し、ペイン・ポイントの立証が済めば、優先するペイン・ポイントを決めることが可能になる。新たなプロダクトを開発する際、特にそのプロダクトが革新的であればあるほど、複数の顧客セグメントに広がる数多くのニーズに対処していては、リソースがどんどん失われ、ビジョンの実現が遠のくだろう。

　すべてのペイン・ポイントに同時に対処することはほぼ不可能であると認め、優先順位を決めることで、チームに実行可能な戦略をもたらす

ことができる。

## ステップ2　ラディカル・プロダクトをデザインする

　「ユーザーは痛みをなくすために何を利用しているか？」、そして「あなたのプロダクトを使えば、彼・彼女らはどう感じるだろうか？」というふたつの疑問に答えを見つけることで、ユーザーのペイン・ポイントの解消策をデザインしやすくなる。

　スティーブ・ジョブズが「デザインとは、どう機能するかだ」と高らかに宣言して以来、デザインはプロダクト戦略において大きな役割を果たすようになった。しかし、そのような根本原則を超えて、具体的なプロダクトにとって〝優れた〟デザインに何が必要なのかを特定するのは難しい[注6]。

　「ユーザーは私のプロダクトをたやすく使えているだろうか？　満足しているだろうか？」とのちに振り返るほうがよっぽど簡単だ。しかしながら、〝そもそもどうデザインすべきか〟を考えているときには、そのような疑問は役に立たない。

　「優れたデザインとは何か？」という問いにラディカル・プロダクト・シンキングが出した答えは比較的単純だ。**優れたデザインとは戦略に適合し、戦略を前に進めるデザインのことである**。プロダクトをどうデザインするかについて語るとき、私たちは実際には人々によるプロダクトの利用方法（インターフェース）とプロダクトに対する認識（アイデンティティ）をどう意図的に形成するかについて語っているのである。

インターフェースのデザインとは、プロダクトの機能をユーザーにどのように示すかの問題だ。データや専門知識、あるいはアルゴリズムなどといった権限と組み合わせて、インターフェースの各部を機能と呼ぶこともある。

　リジャットの経営モデルにおける特性のひとつは、女性が自宅でパパダムをつくるという点だ。もし工場で働かなければならなかったとしたら、リジャットの女性たちは家族の世話ができなくなるため、家族は就職に反対したに違いない。この特性がなければ、リジャットはわずかな数の女性しか集められなかったはずだ。

　もうひとつのデザイン特性として、つくったパパダムに対して女性たちが毎日報酬を得る点を挙げることができる。この仕組みにより、女性たちは日々の家計に貢献できるようになった。収入に貢献できるので、支出にも影響を与えることができる。そうやって自信を強め、子供の教育に関して家計に口出しすることもできるようになった。リアル・ペイン・ポイントをしっかりと理解していたからこそ、そのような特性をデザインできたのである。

　私たちはインターフェースと聞くと、プロダクトがもつ視覚的なユーザーインターフェースを思い浮かべる。しかしユーザーはあなたのプロダクトとさまざまな方法を通じて関係を築く。たとえば小切手を預金に回すために銀行に行く場合、窓口の前で行列に並んでいるときには物理的なインターフェースを、銀行員と話しているときには人のインターフェースを、預金用紙を記入しているときには紙のインターフェースを経験する。

　あなたのプロダクトに潜むインターフェースをすべて洗い出す最初のステップとして、エンドユーザーの動機と目的を知る必要がある。どん

な機能があれば、彼・彼女らは目的を果たしやすくなるだろうか?

　その際、ユーザーが現在行っているタスクに目を奪われてはならない。たとえば、銀行に来る人々の動機が口座に預金することである場合、現状を改善しようとする銀行は、順番待ちをするユーザーのためにロビーをできるだけ快適にしようとして椅子などを設置することもできるだろう。しかしその代わりにユーザーの動機に目を向けることで、デザインを大きく見直すことができる。

　つまり、「ユーザーのやろうとしていることを容易にするために、私たちに何ができるだろうか?」と考えるのである。銀行の例の場合、自宅から快適に小切手の預金ができるアプリを開発すれば、テクノロジーに強いユーザーの手間を減らすことができるだろう。

　プロダクトのデザインの際には、ユーザーがプロダクトとどう接するかに加えて、ユーザーがそのプロダクトをどう認識するか、あるいはプロダクトが人々にどのような印象を与えるか、という点についても考えなければならない。

　プロダクトの見た目と感覚(ルック・アンド・フィール)は、顧客が抱える実際の問題の解決とは無関係だと考えられることが多い。だが実際には、見た目、音声、感覚はプロダクトのユーザビリティに大いに影響する。ニールセン・ノーマン・グループのUX研究者の調査によると、美しいプロダクトは〝実際よりも〟ユーザビリティが高く評価されるそうだ[注7]。

　見た目の美しさだけでなく、プロダクトの音声も顧客の期待に応えることが重要だ。音声はブランドの人気に直結する要素で、購買意欲や日々の利用にとって見た目のデザインと同じぐらい影響する[注8]。

　プロダクトデザインが重要だからといって、機能よりも見た目を重視

すべきだということではない。インパクトを最大にするために、プロダクトはユーザー、見込み客、そして顧客の人間性——社会性、感情、あるいは不合理さなども——考慮しなければならない、という意味だ。

リジャットのデザインアイデンティティは、メンバー女性がどのような人物として認められたいと願っているかを考慮していた。尊厳ある暮らしを実現するだけでなく、彼女らは自立する自信が欲しかったし、社会の一員としても評価されたいと望んでいた。

リジャットはそんな女性たちのために教育プログラムを立ち上げ、読み書きや最低限の経済的なスキルを教えた。このプログラムは、後ろめたい気持ちになることなく子供たちを教育したいと願う女性たちのニーズに合致するようデザインされていた。

あなたも、プロダクトのアイデンティティを考えるとき、最初に特定したリアル・ペイン・ポイントを考慮しながら、次の問いに答えてみよう。

- ユーザーはリアル・ペイン・ポイントに直面するとき、どんな感情を抱くだろうか？
- そのような感情を前提にして、あなたのプロダクトを使うことがどのような感情につながるだろうか？　わくわくする？　安心できる？　楽しい？
- 望ましい感情を呼びさますために、映像、音声、テキスト、あるいはほかの体験を使って何ができる？[注9]

プロダクトのインターフェースとアイデンティティに〝適切な〟デザインを見つけるのは、戦略的なタスクだ。実際のデザインは専門のデザ

イナーに任すべきだろうが、その際デザイナーに適切な戦略ガイダンス
を与えれば、ユーザーのリアル・ペイン・ポイントを効果的に解消でき
る売れ筋プロダクトを開発できる可能性がぐっと上がるだろう。


## ステップ3　ケイパビリティを定義する


　RDCL戦略におけるケイパビリティは「どうすればデザインに価値を
届ける力を込める（デザインに約束させる）ことができるだろうか？」
という問いに答えることで定義できる。自動車にたとえるなら、デザイ
ンは車体だ——形でもあるし、機能でもある。車の独特な見た目や外殻
の曲線もデザインの要素なら、ドアの数、シートの仕上げ処理、あるい
は後部空間の広さなどといった機能もデザインの要素である。あなたが
その自動車とどのようにつき合うことになるかを決めるのがデザイン
だ。
　一方、その外装の下に潜んでいるのがケイパビリティだ。エンジン、
電子系統など、車が秘めるすべての力がケイパビリティだと言える。
　資金調達を経験したことがあるならわかると思うが、ほとんどの投資
家は「なぜあなたがこのソリューションをもたらすのに最適な人物なの
か？」と考える。言い換えれば、あなたのケイパビリティを問うのだ。
ケイパビリティは、あなたの組織で、あなたのデザインに力を授ける、
あなただけがもつ（もしくはあなたが開発する任を負う）特別な動力源
なのである。
　ケイパビリティは、データ、テクノロジー、アーキテクチャ、インフ

ラストラクチャーなど有形である場合も、人間関係、パートナーシップ、プロセスなど無形である場合もある。

ネットフリックス（Netflix）の場合、視聴データは有形のケイパビリティだと言えるだろう。それがあるから、同社は作品推薦のアルゴリズムを動かすことができる。競合他社はネットフリックスほど膨大な視聴データをもっていないので、ネットフリックスに匹敵する正確な作品推薦システムを展開できない。

ネットフリックスの最初期における成功に大いに役立った有形ケイパビリティとしては、同社がDVDの配達で用いていた特徴的な赤い封筒を挙げることができる。一見何の変哲もない普通の封筒だが、これは同社が申請した最初の特許のひとつで、顧客を相手にしたDVDの配送・返送プロセスのデザインに力を授けた[注10]。

通常、郵便局は1時間に4万もの標準サイズの封筒に消印を押すなどの処理を行い、金属ドラムに手荒に放り込む。そのため、DVDは破損する可能性が高い。しかし、「フラットメール」と分類された封筒は、特別な扱いを受ける。

特許を取得した赤い封筒は第1類封筒の価格で郵送されながらもフラットメールと分類されたため、DVDの郵送に適していた。つまり、ネットフリックスにとって有形のケイパビリティだったのである。

デザインは信頼や人間関係などといった形のないケイパビリティからも力を得ることができる。エアビーアンドビー（Airbnb）が活動を始めたころ、創業者たちは同社がデザインした約束（誰もが一時的な宿泊施設を貸したり借りたりできるマーケットプレイス）を果たすには、ゲストとホストの両方が同社のプラットフォームを信頼しなければならないと悟った。

消費者は現金を支払う前にレビューを見ることに慣れている。しかし創業したばかりのころ、エアビーアンドビーは利用者がほとんどいなかったので、レビューもごくわずかしかなかった。レビューが少ないので、試してみようとする人も増えない。

　この悪循環を断ち切るために、エアビーアンドビーは無形のケイパビリティに投資する必要に迫られた。消費者にウェブサイト上でオファーされている物件を信頼してもらうために、社員の誰かがその宿泊施設に赴き、高品質な写真を撮るなどして、オファーの主張が正しいことを証明したのである。この活動は長く続けることはできなかったが、システムに対する信頼を勝ち取り、ユーザーレビューが増えてさらなるユーザーを引きつける好循環を生むための戦略としては有効だった。

　ケイパビリティはボンネットの下に隠れていて、デザインに動力を授ける。車を運転する者は、乗り心地を楽しみ、サウンドシステムから流れる重低音に身を任せ、寒い夜にはシートを温かくする。しかしその際、車が起動しないとか、走行中に異音がしたとかしない限り、ボンネットの下にあるエンジンのことは考えないだろう。

　同じように、デザインを通じてケイパビリティを隠すのがいい。そうすることで、ユーザーはボンネットの下のことを意識せずに、インターフェースやプロダクトの使用感を楽しめる。ユーザーはデザインだけを体験するのが理想。そのデザインの独特な力を生むのがケイパビリティなのである。

## ステップ4　ロジスティクスを定義する

　ロジスティクスとは、人々がプロダクトを手に入れる際の体験について答えを出すこと。つまり、あなたのプロダクトをどうやって人々に届けるか、という問題だ。従来のようにプロダクトをハードウェアやソフトウェアと定義していては、戦略におけるロジスティクスの大切さを見落としてしまう。

　プロダクトを物質的なあるいはデジタルのオブジェクトと定義すると、私たちはそのオブジェクトをつくることに焦点を狭めてしまう。インストール、価格、サポートなど、プロダクトで得られる体験は後回しにされる。

　家を建てる場合、価格や保守はデザインの際に必ず考慮されるだろう。たとえば、子供のいる家庭の場合、家族団欒の部屋に白いカーペットを敷こうとはしないはずだ。貸し出す目的で家を建てるのなら、自分が住む家とは違う電化製品を選ぶだろう。変化を引き起こすためのメカニズムがプロダクトであると考えるなら、価格設定も、サポートも、トレーニングやメンテナンスも、全体的な戦略の要素であり、あなたの決断を導く指標になるのである。

　プロダクトのロジスティクスを決める際、次の点を考える必要がある。

・プロダクトをどのようにして人々に届けるか？　どんな経路で販売するか？
・人々はどのプラットフォームでプロダクトを使うだろうか？　紙？

モバイルデバイス上のアプリ？　それとも基本的にデスクからアクセスすることになるウェブページ？
- 人々はプロダクトを利用するに当たってトレーニングが必要だろうか？　問題が生じたときどうやってサポートするか？
- 価格とビジネスモデルはどうするか？

ユーザーのリアル・ペイン・ポイントにもとづいてプロダクトのロジスティクスを考えることが重要だ。多くの企業が、プロダクトやユーザーのことを深く考えずに、自らの都合に合わせて価格やデリバリー形式を決めようとする。

たとえば、サブスクリプション方式の価格モデルには継続的な収益を得られるという魅力があるため、すべてのプロダクトにサブスクリプションを強制しようとする気が芽生える。すると、本来1回限りの購買に完璧に適しているプロダクトにまでサブスクリプション化を広げ、その決断を正当化するために無駄な機能をつけ加えたりしてしまうのである。

このやり方が危険であることを、ジューセロ（Juicero）が証明した。普通の人にとって、ジューサーは1回買えばいいだけのキッチン製品だろう。しかし、ジューセロはサブスクリプションに魅力を感じたため、同社のジューサーに果物を搾る機械としての設計は施さなかった。その代わりに、高価なジュースポーチ（材料の詰まったパック）をゆっくりと押しつぶす機械をデザインしたのだ。ユーザーは果物ではなく、そのポーチをサブスクリプション形式で購入するのである。

このビジネスモデルはどのみち失敗に終わる運命にあったが、ジューセロの〝ジューサー〟を使わなくてもポーチを手で絞るだけでジュース

がつくれることを証明する映像がYouTube上で拡散したことをきっかけに、その撤退はさらに早まった[注11]。

　戦略の一環として吟味されたロジスティクスは、プロダクトをライバルのそれと差別化するのに役立つ。したがって、プロダクトの発案から開発の期間もずっと、ロジスティクスを大切な要素とみなして考慮を続けなければならない。

　セールスやマーケティングのチームと協力してロジスティクスに関係する要素を事前に取り決めておけば、製品戦略と市場投入をうまく結びつけることができるだろう。


## イテレーティブの使いどころ


　イテレーティブ型のアプローチを用いて財務指標を最適化することでローカルマキシマムを見つけようとする姿勢とは異なり、優れたRDCL戦略を用いれば、ビジョン駆動型のアプローチを手放すことなく、ユーザーが抱えるリアル・ペイン・ポイントと、それを解消するための独自のソリューションと、それを行うためのビジネスモデルのみにイテレーティブを集中することができる。

　2010年代の経済ブーム期は資本が潤沢だったため、イテレーティブに頼る姿勢が強くなった。贅沢にも、RDCLの問いに答える包括的な戦略を立てないまま、何かがヒットするまでさまざまな案を試すことができた。しかし、RDCL戦略の大切さを知ると、イテレーティブだけでリアル・ペイン・ポイント、デザイン、ケイパビリティ、ロジスティクスの

4つの観点に正しい答えを見つけるのはとても難しいことがわかるだろう。

　逆にRDCLの疑問について徹底的に考え、ユーザーを観察したり彼・彼女らと直接話したりして仮説を検証することで、より効果的にイテレーティブを利用できるようになる。RDCL戦略を構想する際、最初からすべての問いに正しい答えを見つけられるとは考えないほうがいい。むしろ、調査で得た知識をもとに、地に足をつけて前に進むのである。現実と照らし合わせながら、自らの戦略の検証を続けるのだ。

　その際にイテレーティブが必要になる。あなたが立てたRDCL戦略を繰り返し検証および改善していこう。検証や測定を通じて、あなたのデザインがリアル・ペイン・ポイントに対してどれほど有効かを確かめ、デザインの約束を守るためにケイパビリティを修正し、ロジスティクスを通じてソリューションを顧客に届ける方法を改善するのである。

　そのようなイテレーティブを通じて得た知識をもとにRDCL戦略を定期的に見直すことも忘れてはならない。RDCL戦略こそ、ビジョンと戦術的活動を結ぶ架け橋なのだから。

　次章では、あなたが世界にもたらそうと願う変化のビジョンに合わせて、数々の戦術に優先順位をつける方法を見ていく。優先順位を決めることで、長期的なビジョンへ向けた前進と、日々のビジネスにおける現実的なニーズとのバランスをうまく保つことができる。

- プロダクト戦略はビジョンを実行可能な計画に変える方法である
- 包括的なプロダクト戦略は次の4つの問い（RDCL）に答える

  1　R＝リアル・ペイン・ポイント（真の問題点）

  どんな問題があるから、人々はあなたのプロダクトを利用するのだろうか？　ペイン・ポイントは実在が検証されて初めて〝リアル〟になる。価値立証＝価値評価＋存在確認である

  2　D＝デザイン

  あなたのプロダクトのどんな機能がその問題を解決するのだろうか？　デザインとは、インターフェース（プロダクトがどう使われるべきか）とアイデンティティ（プロダクトがどう認識されるべきか）について考えることを意味する

  3　C＝ケイパビリティ（能力）

  ソリューションが提供できる価値の約束を果たすのに、どれほどのケイパビリティや基盤が必要になるだろうか？　ケイパビリティには有形なもの（データ、知的財産、契約、人など）も、無形なもの（スキル、パートナーシップ、信頼など）もある

  4　L＝ロジスティクス

  ソリューションをどうやってユーザーに届けるか？　価格をどう設定してどうサポートするか？　ロジスティクスは後回しにされがちな戦略要素だ。プロダクトの開発計画の時点で、収益モデルとコストモデル、トレーニング、サポート計画なども考慮する必要がある

- RDCL戦略を打ち立てたのち、イテレーティブを通じて自らの戦略を検証および修正する

# 第5章
# 優先順位づけ
## ──力のバランス

## ビジョンを日々の行動に落とし込む

　ここまで、ビジョン駆動型のプロダクトを開発するための明確なビジョンと戦略について考えてきた。そのビジョンを日常的な意思決定に落とし込むのが優先順位づけの役割だ。

　日々の意思決定の際、無意識のうちに長期的な目標と短期的なニーズのバランスを保とうとしているはずだ。現実の生活を無視して長期ビジョンだけを追い求めていては、目標に向かって進む道のりを生き残れないだろう。逆にはっきりとした長期目標がなければ、利益やビジネスにかかわる短期目標ばかりに目を向けてしまう。ビジョン駆動型プロダクトの開発には、生き残りに必要な活動とビジョンへの前進の両方が欠かせない。

　もしかすると、あなたは長年におよぶ経験と試行錯誤による学習を通じて、すでにバランス感覚を身につけているかもしれない。映画『スター・ウォーズ』にたとえるなら、長年の経験によりあなたはフォースを使えるようになった。しかし、映画と同じで企業の世界でも、組織内の選ばれた少数のみがフォースを使えるようだ。フォースの使えない

者、つまりバランス感覚のない者は自分で決断して新しい何かを始めることを難しく感じる。そのため、バランス感覚のある者からの指示を待つしかない。

だが、組織内の誰もがフォースを使いこなし、長期目標と短期目標をバランスよくトレードオフすることができれば、企業はより効果的に活動できるだろう。実際、私たちの誰もがフォースを内に秘めている。その使い方を学べばいいのである。

この感覚をチームで鍛えることは、「できればそうしたほうがいい」などというレベルの話ではなく、ビジョン駆動型プロダクトをつくるために絶対に必要なことだ。チームの全員がビジョンに貢献し、自らの役割において長期と短期のあいだでトレードオフを行うのである。

たとえば、ソフトウェア開発者は長い時間をかけて慎重にソフトウェアをつくることもできるだろうし、迅速にプログラムを書いて短い期間で開発を終え、のちの大規模なアップデートを行うという道を選ぶこともできるだろう。リーダーといえども、あらゆるレベルのすべての決断を行えるわけではない。ビジョン駆動型のプロダクトをつくるには、全員が正しいトレードオフを行う能力を身につけている必要がある。

長期目標と短期目標のトレードオフのバランス感覚を組織のメンバー全員が身につけることで、リーダーは自分の考え方を組織全体に広げることができる。チームメンバーはリーダーの直接の指示がなくても適切な決断ができるようになるので、リーダー自身が細かく口出しをする必要がなくなるだろう。

ラディカル・プロダクト・シンキングによる優先順位や意思決定のアプローチを通じて、チームも個人も自分で決断ができるようになる。調査によると、そのような自律性を備えた企業は、そうでない企業に比べ

て短期で10倍、長期では20倍の成果を残すこともできるそうだ[注1]。

　本章では**優先度フレームワーク**を用いて上記の利点を実現する方法を示す。あなたはビジョンを日々の決断に反映させ、チームに正しいトレードオフを行う直感を養うことを促せるようになるだろう。

## トレードオフを可視化する優先度フレームワーク

　ビジネスで優先順位をつけたり決断を下したりすることは、基本的にビジョンへの前進（ビジョンフィット）と短期リスクの軽減（サバイバル）を秤にかけてトレードオフを行うことを意味している。ビジョンフィットとサバイバルのバランスは、図3のような優先度フレームワークで示すことができる。

　もちろん、あなたのやることなすことすべてがビジョンフィットに優れ、しかもサバイバルに役立てば理想的だ。しかし現実的には、決断や優先事項の多くの側面がビジョンフィットとサバイバルのトレードオフを示すだろう。フレームワークの4つの領域は、以下のトレードオフを意味している。

### 「理想」

　右上の「理想」領域は、ビジョンと、リスクの軽減によるサバイバル率の向上が高度にマッチしている。ここに含まれる機会は決断が簡単だ。しかし、理想領域に含まれる機会のみに重点を置いていては、短期的な利益に意識を向けつづけることになる。

## 「ビジョンへの投資」

　長期ビジョンの実現に少しずつ近づくためには、左上の「ビジョンへの投資」領域に含まれる機会も選択する必要がある。長期的には利益をもたらすだろうが、短期的にはリスクを増やす要素がここに含まれる。

## 「ビジョン負債」

　ときには、短期リスクを減らすが、ビジョンには有益ではない決断を下さなければならないこともあるだろう。そのような決断を下すことは

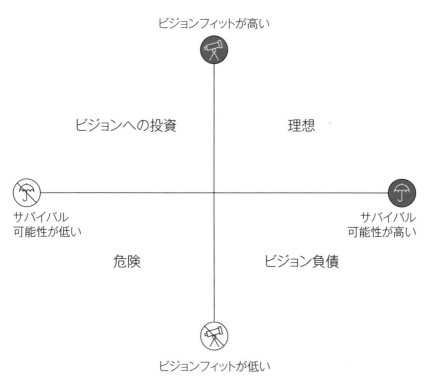

図3　**ビジョンフィットとサバイバルを軸にした優先度フレームワーク**

ビジョンにとってマイナスに作用する。そのような右下の「ビジョン負債」領域には気をつけること。負債が増えすぎると、プロダクトで目指していた目標が達成できなくなってしまう。

## 「危険」

　左下の「危険」領域に属する要素は、ビジョンに合っていないし、リスクも増やす。そのような要素を選択していいのは、それをやることで将来的に重要な機会が生じる場合のみだ。

　これら4つの領域のうち、決断が最も容易なのは「理想」と「危険」の領域だ。「ビジョンへの投資」と「ビジョン負債」の領域では、決断が難しくなる。ビジョン駆動型のプロダクトを開発するつもりなら、「理想」と「ビジョンへの投資」の領域を多く選択し、「ビジョン負債」と「危険」の領域はできるだけ避けるべきだろう。

## ビジョン負債をやりくりする

　目の前の金銭的な制約への対処に追われてビジョンへの歩みを止めると、ビジョン負債が生じる。テクノロジー業界にいる人なら、**技術的負債**という言葉を聞いたことがあるかもしれない。

　技術的負債が増えると、ソフトウェアはバグが増え、コードも脆弱になる。これと同様に、ビジョン負債が増えると、顧客が混乱し、チームの士気が下がり、方向性のないプロダクトが生まれる。

次に挙げる項目のひとつ、あるいは複数をやればビジョン負債が増える可能性が高まる。

- あらゆるユーザーにそれぞれのカスタムソリューションを提供する
- 契約を結ぶために、プロダクトに1回限りの機能をつけ足す
- 自らのプロダクトの中核に、競合他社の技術やコンテンツやデータを利用する
- 収益を増やすが、プライバシーや社会的倫理を犠牲にする機能を追加する

　これらの活動はどれも市場への迅速な参入や取引の成立、あるいは収益増につながるが、ビジョンの実現を遠ざけてしまう。しかし、現金が必要なときはビジョン負債が避けられない場合もある。ビジョン負債を生む行動をしっかりと管理して、チームとともに戦略的ロードマップの後半で負債を返す計画を立てよう。

　しかしほかの負債と同じで、ビジョン負債にも利子が生じる点を見落としてはならない。プロダクトがビジョンから遠ざかっている時間が長引けば長引くほど、主要ビジョンに戻るための決断に経営幹部やチームから賛同を得るのが難しくなるだろう。

　ビジョン負債を増やす決断をしたら、その点をチームに周知することが重要だ。そうすることで、チームはプロダクトがビジョンから遠ざかっていることを理解するだろう。

　この事実をチームで共有し、その決断の裏に潜む長期的な戦略について理解を求めるのである。ビジョンの負債が生じたことを認め、それを返済する計画について説明すれば、チームの足並みやビジョンへの献身

に生じる短期的なダメージを減らすことができる。

　クイックラボの創業者で、ラディカル・プロダクト・シンキングの共同開発者でもあるニディ・アガワルは、初期のスタートアップで持続的な顧客基盤を構築するためにビジョン負債を利用した。

　そのプロダクトは、クラウドコンピューティングの構成管理を学ぶ学生たちに実践的なトレーニングラボへの手軽なアクセスを提供することを目的にしていた。

　リリースから2年後、アガワルは最大の顧客から電話を受け取った。その顧客はクイックラボに独自仕様のラボを開発するよう求めてきたのだ（プロダクトの購入ではなく、アレンジの相談）。

　企業向けのサービス会社になることはクイックラボのビジョンに反していたが、その条件をのめば短期的なサバイバルと成長には都合がいいと思えた。活発な議論ののち、同社の幹部陣はビジョン負債をつくることに決めた。その単一のクライアントのためだけに特製のコンテンツと機能をつくるよう複数の開発者に命じたのである。

　通常、そのような決断は強迫性セールス障害の症例だとみなせるが、アガワルと経営陣は従業員に、ビジョンから短期的に遠ざかることをはっきりと説明した。さらに重要なことに、彼らは軌道に戻るためのタイムラインも約束した。

　チームに対し、それはあくまで避けようのない一時的な寄り道であって、経営トップがビジョンを信じられなくなったのではないと納得させたのである。

## ビジョンへの投資ができているかを見極める

　ビジョンに投資するとは、あなたがビジョンを尊重し、意思決定に反映させているという事実を、自らの行動を通じてチームに示すことを意味している。チームにビジョンを深く理解してもらうためには、ビジョンへの投資をロールモデル化する必要がある。

　次のことをするとき、ビジョンに投資していると考えられる。

**・技術的負債（プロダクトの開発の際に、迅速に市場に参入するために利用した技術的なショートカット）をなくすために時間を費やす**

　技術的負債を返済するには、短命の機能を追加するのではなく、長期的に機能の追加を続けるための強固な技術基盤を構築するしかない。

**・ユーザー調査にリソースを費やす**

　調査に投資してもすぐに目に見える成果が得られるわけではないが、長期的に見てよりよいプロダクトをつくれるようになる。

**・研究開発への投資**

　研究開発もすぐに収益アップにつながるわけではないが、やらなければ市場がどんどん奪われてしまうだろう。

　これらはどれもビジョンへの前進を意味しているが、短期的なサバイバルには役に立たない。そのため、サバイバルリスクの大きさを評価したうえで、ビジョンにどれだけ投資できるかをよく見極める必要がある。

# リスクを定義するサバイバルステートメントを書く

　ビジョンフィットとサバイバルを軸にした優先度フレームワークをコミュニケーションツールとして利用することで、長期的なビジョンが明らかになる。サバイバルを定義すれば、プロダクトの実現を脅かす最大の短期リスクをチーム全体が理解できるだろう。

　サバイバルという概念を各自の直感的な理解に委ねるのではなく、明確に定義することで、誰もが最終目標に向けて足並みをそろえることができるため、ゴールにたどり着くまで生き残る可能性が高くなる。

　サバイバルを実現するには、ビジネスを閉鎖に追い込みかねない最大級のリスクを見極め、その影響力を弱めることが肝心だ。リスクも時間とともに変化するが、基本的には図4で示す5つのカテゴリーに分類できる。

　ビジネスモデルに欠かせない主要テクノロジーを開発できなかったり、運用上の問題を解消できなかったりする場合は、「テクノロジーまたはオペレーショナルリスク」である。

　企業が訴えられたり、法的に営業ができなくなったりしそうな場合は、「法または規制リスク」だ。

　主要な人員が去ったためにプロダクトが存続できなさそうなら、「人的リスク」を抱えていると言える。

　もしあなたが創業直後の企業の創業者なら資金の枯渇、つまり「金銭リスク」が最大の危険因子だろう。

　その一方で、大企業の場合はプロダクトが資金を失っていても、蓄えや好調なほかのプロジェクトの利益から従業員やサプライヤーに支払いを行うことができるだろう。その場合の最大のリスクは、プロダクトに

テクノロジーまたは　　　　法または規制リスク　　　　　　人的リスク
オペレーショナルリスク

金銭リスク　　　　　　ステークホルダーリスク

**図4　サバイバルリスク——明日にでもプロダクトに終わりをもたらしかねない最大
のリスク**

見切りをつけようとする有力ながら懐疑的な利害関係者（「ステークホ
ルダーリスク」）だろう。

　どのリスクも重要だが、すべてが一度に生じることはない。しかし、
複数の天敵に襲われたガゼルと同じで、ひとつかふたつのリスクからし
か同時に逃げることはできない。

　自分にとって最大のリスクを定義するには、**サバイバルステートメン
ト**を書くのがいい。プロダクトの存続にとって最大のリスクを短い文章
にまとめるのである。サバイバルステートメントはラディカル・ビジョ
ンステートメントと対をなす。

　次の穴埋め式のテンプレートをチームエクササイズで用いれば、サバ
イバルステートメントを簡単に書くことができる。

現在、我々のプロダクトの存続にとって最大のリスクは［最大のリスク］である。

もしこのリスクが生じれば、我々は［リスクの影響］により事業を続けることができなくなるだろう。

このリスクは［リスクを増大させる要因］ときに現実になる可能性が最も高くなる。

このリスクを軽減する役に立つ要素として、［リスクを軽減する要素］を挙げることができる。

## サバイバルステートメントの実例

　私が2011年に興し2014年に売却したスタートアップのライクリー（Likelii）の場合、プロダクトマーケットフィット（PMF：Product Market Fit）を示すことができなければ（そして追加の資金を調達することができなければ）、金銭的なリスクに直結していた。したがって、ライクリーの場合は次のようなサバイバルステートメントが書けただろう。

現在、我々のプロダクトの存続にとって最大のリスクは［ベンチャーキャピタルから資金を調達できない恐れがあること］である。

もしこのリスクが生じれば、我々は［給料が支払えなくなり］事業を続けることができなくなるだろう。

> このリスクは［ユーザー数の増加によるトラクションを示すこ
> とに失敗した］ときに現実になる可能性が最も高くなる。
> このリスクを軽減する役に立つ要素として、［次の6カ月におけ
> るユーザー基盤の拡大への集中と、資金が尽きる前に資金調達
> する機会を見つけること］を挙げることができる。

　大企業の場合は、サバイバルステートメントにはまったく違うことが
書かれるだろう。私が所属していた大企業では、顧客はケーブル会社
で、販売サイクルは数年単位だった。私たちのプロダクトはそのケーブ
ル会社の最大のペイン・ポイントに対処できるものであり、市場に存在
するほかのプロダクトよりもシンプルかつ高速だった。それまでエンド
ユーザーが扱わなければならなかった数多くのツールやインターフェー
スを統合していて、そのため導入と習得も容易だった。

　しかし、その企業がさらに大きな企業に買収されたのである。新たに
親会社となったその大企業は、使い方は複雑だが（そのため基本的なタ
スクを行う顧客をサポートするためだけに大勢のスタッフが必要だっ
た）、同じようなプロダクトを有していた。親会社からの政治的な圧力
に屈して、私のいた企業は親会社のソリューションを存続させる方向に
傾いていた。

　その企業でプロダクトマネジメントを担当していたとき、私は次のよ
うなサバイバルステートメントを書いたに違いない。

> 現在、我々のプロダクトの存続にとって最大のリスクは［我々
> のプロダクトに対する親会社からのスポンサーシップを失うこ
> と］である。

もしこのリスクが生じれば、我々は［予算が底をつき、チーム
は別のプロジェクトへと振り分けられ、］事業を続けることが
できなくなるだろう。

このリスクは［ステークホルダーが我々のプロダクトのシンプ
ルさとスピードのすばらしさを評価せず、また、新規顧客への
セールスを伸ばすことに失敗して政治的な関心を集めることが
できなかった］ときに現実になる可能性が最も高くなる。

このリスクを軽減する役に立つ要素として、［次の1年でセール
スを伸ばしながら、親会社のステークホルダーと親密な関係を
築いてそのサポートを得ること］を挙げることができる。

サバイバルステートメントの作成は、5つのリスクカテゴリー（テクノロジーまたはオペレーショナルリスク、法または規制リスク、人的リスク、金銭リスク、ステークホルダーリスク）においてどんなリスクがあるかを特定することから始めるのがいい。そのうえで、自分の置かれた状況に応じて、ほかよりも大きな問題となるであろうリスクカテゴリーをひとつかふたつ選ぶ。

最大のリスクを特定したら、そのリスクがもたらすと想定できる最大の影響について考えてみる。そのリスクが現実のものになったら、何が起こるだろうか？　私が興した初期スタートアップが資金調達に失敗したら、従業員に給料を支払えなくなっていただろうし、プロダクトの開発もできなくなっただろう。大企業では、懐疑的なステークホルダーがストップの号令をかければ、私たちはプロダクトの開発を続ける資金を得られなくなっただろう。

最終的な結果にたどり着くまで、**「だから何なのか？（So What?）」**

**を問いつづける態度がリスクの影響を見極める鍵**である。

　次のステップは、最大のリスクを軽減する方法を考えることだ。初期スタートアップの場合、特定の財務指標を示すことで、投資家たちにそのスタートアップは投資する価値があると説得することができるかもしれない。大企業の場合、ステークホルダーのサポートを得られなくなるというリスクに直面しているのなら、サポートを失うことで生じる影響を評価し、どうすればそれを避けられるか検討する。


## 優先順位を行動に落とし込んだTAC社


　優先度フレームワークを用いて優先順位を決めることで、同フレームワークがコミュニケーションのツールとなり、優先度の議論が容易になるだろう。パブリックアートの非営利団体であるジ・アベニュー・コンセプト（TAC：The Avenue Concept）はこのフレームワークを理事会や職員チームを相手に3年計画について話し合うために利用した。

　同組織は常務理事のヤロウ・ソーンを中心として、彫刻作品や壁画などといった一連のパブリックアートの設置を行い、ロードアイランド州プロビデンス市のアートインフラの基礎を築いてきた。そのうち、短期間で芸術作品を公共スペースに設置できる組織としてTAC社の評判が高まり、ほかの組織や個人から自分たちの計画に参加して欲しいと声がかかるようになった。

　あまりにも多くのプロジェクトを抱えるようになったため、TAC社のチームは集中がそがれ、「戦略肥大」発症の危機が高まった。そして、

インパクトを最大にするには自らのリソースを慎重に振り分けなければ
ならないと気づいたのである。

そこでチームは優先度フレームワークを使って戦略的行動に優先順位
をつけ、その結果を理事会と共有することで、組織全体としての予算と
リソースを適切に分配するようにしたのだった。TAC社は2本の軸を次
のように定義した。

## ビジョン

一般の人々の意識にアートをもたらすことを通じて社会に深いインパ
クトを与える。

## サバイバル

ほかの多くの非営利組織やスタートアップと同じで、TAC社も継続
的な資金調達をサバイバルの条件と定義した。

このふたつを定義したうえで、TAC社はさまざまな機会を評価し、
それらを図5のように各領域に振り分けた。

- 「**理想**」領域：TAC社にとって、彫刻と壁画がビジョンに最も合致
  する。どちらも人目を引くので、パブリックアートへの関心を高め
  るのにもってこいの手段だからだ。TAC社の常務理事が芸術作品を
  必要に応じて調達および設置するのに最適なモデルを構築していた
  ので、彫刻と壁画のプロジェクトは「理想」領域に含まれる。しか
  し、「理想」に含まれる機会にのみ集中することは近視眼的だと言
  える。

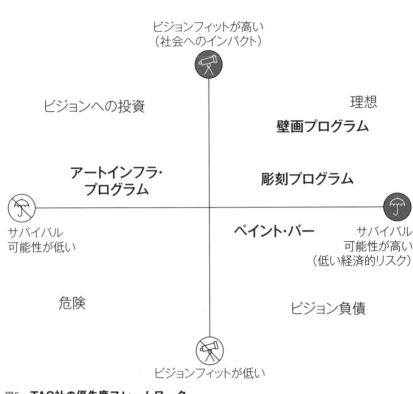

ビジョンフィットが高い
（社会へのインパクト）

ビジョンへの投資

理想

**壁画プログラム**

**アートインフラ・
プログラム**

**彫刻プログラム**

サバイバル
可能性が低い

**ペイント・バー**

サバイバル
可能性が高い
（低い経済的リスク）

危険

ビジョン負債

ビジョンフィットが低い

**図5 TAC社の優先度フレームワーク**

- 「**ビジョンへの投資**」領域：長期ビジョンの実現に少しずつ近づく
  ために、TAC社は「ビジョンへの投資」領域に含まれるプロジェク
  トも選択する必要があった。TAC社はアートインフラ・プログラム
  を通じて、夜にアート作品を照らすライトを設置していた。ライト
  アップにより暗闇でも芸術作品が映え、夜の景観に色を添えたの
  で、結果として、このプログラムはビジョンフィット軸の上のほう
  に来るとみなされた。しかし、サバイバル軸を考えた場合、アート
  インフラを都市全体に拡大するのは費用がかさむ。つまり、金銭的

なリスクが高かったのである。TAC社は優先度フレームワークを用いながら、「ビジョンへの投資により資金調達の必要性が高まるため、この領域では実行に移す機会を選択しなければならない」と、理事会を説得した。

- 「**ビジョン負債**」領域：資金調達の必要性をある程度減らす方法のひとつが「ビジョン負債」だ。ペイント・バー（TAC社の塗料店にして、地元アーティストのスタジオ）は大きな目標を達成するために賢くビジョン負債を利用する好例だと言える。ペイント・バーは一般の人々のアートへの関心に大きなインパクトを残すことはないが、塗料の販売を通じて確かな収益が見込めた。結果として、TAC社は今後も壁画が描かれると期待できたし、地元アーティストたちとの親交も深まった。

- 「**危険**」領域：TAC社では「危険」領域に含まれる機会が存在しなかった。

　TAC社は、戦略の遂行における理事会とチームの足並みをそろえるために、そしてチームがビジョンを実現するためのプロジェクトを選ぶ際の根拠として、優先度フレームワークを用いた。

　同じようにマネージャーも、戦略的イニシアチブを評価して4つの領域に分類し、優先順位をつけることができる。また、主要なセールス機会やそれらが総合的なビジョンにどうフィットするかなど話し合うのに用いてもいいだろう。

　プロダクトチームは優先度フレームワークを機能の優先順位づけに用いることができる。ホワイトボードに優先度フレームワークを描いて、自分なりに2本の軸（ビジョンフィットとサバイバル）について考えよ

う。すべての機能を付箋紙に書き込み、それらがどの領域に属するか、チームで話し合うのである。

　多くの場合で、「理想」に含まれる項目の多くを優先し、「ビジョンへの投資」の項目から選ぶ数は少ないだろう。サバイバルを確保するために現実的な決断を下しながら、ビジョンフィットが低いものは可能な限り避ける。要はバランスの問題だ。

　一例を挙げると、AIを活用したCRM（AI CRM）を扱うスタートアップのSpiro.aiは、どのスプリントでも「ビジョンへの投資」に開発力の25パーセントを割くことにしている。

　しかし、実際にこのフレームワークを利用する際、最も重要なのはチームの全員が討論に参加し、どの機能がなぜ特定の領域に分類されるのか、その理由を共有することだ。

　優先度フレームワークを用いることで、誰もが自分の意見の根拠を述べやすくなるし、ステークホルダーに優先順位の理由を伝えやすくもなる。そのようなコミュニケーションがあれば、プロダクトビジョンの点でプロダクトチームと幹部リーダー陣の足並みもそろいやすい。

　優先度フレームワークを用いて優先順位をつけることが、ラディカル・プロダクト・シンキングを組織に浸透させる近道だ。経営幹部であろうと、プロダクトの開発陣であろうと、どのレベルのチームもビジョンを日々の活動に変換するために優先度フレームワークを利用できる。

# 優先順位は変化する

　多くの場合で、優先順位の根拠は時間とともに変化するし、ビジョンフィットとサバイバルの定義を見直す必要が生じることもある。変化する市場に対応するために、ときどきビジョンそのものに手を加える必要があるのと同じで、サバイバルを取り巻く環境も変化する。

　それまで最大だったリスクがほかのリスクで取って代わることもあるだろう。リスクに変化があれば、それに合わせて意思決定のやり方も変えざるをえない。ラディカル・ビジョンステートメントに変更を加えるとき、その変更で新たに生じるトレードオフについてチームと話し合うのを忘れてはならない。優先度フレームワークを用いるたびに、2本の軸の見直しから始め、それらが以前同様有効であるか検討しよう。

　組織全体で優先順位が同じではないため、2本の軸をはっきりと定義することが重要だ。長期の研究開発に携わっているチームはテクニカルなリスクを強調するサバイバルステートメントを書くかもしれない。すでに完成しているプロダクトにかかわるチームは金銭的なリスクをサバイバルの危険因子とみなすかもしれない。

　大企業でたくさんのプロダクトを抱えている場合、どのチームも独自のビジョンとサバイバルリスクを見るため、優先事項はチームそれぞれで異なっているはずだ。だからこそ、どのチームも長期と短期のバランスを最適にするために優先度フレームワークを作成し、独自のビジョンステートメントとサバイバルステートメントを書くべきなのである。

　ほかのチームと話し合いをするときには、どのプロダクトについて話すのか決めたうえで、そのビジョンフィットとサバイバルについて優先

度フレームワークを用いて議論すればいいし、全社レベルのビジョン
フィットとサバイバル軸を設定することで、集団的な優先順位について
話し合うこともできる。優先度を決めるためのこのフレームワークは、
あなたの優先順位と意思決定を組織内に明らかにするためのコミュニ
ケーションツールなのである。

## 精密さよりもシンプルさが肝

　ラディカル・プロダクト・シンキングにおける優先順位づけでは、精
密さよりもシンプルさが求められる。企業の多くは複雑なスプレッド
シートを作成して数値を計算し、優先度ランキングを決める。一方、優
先度フレームワークでは意図的にまったく違うアプローチをとった。

　優先度フレームワークは直感を養えるようにつくられている。それを
使うことで、組織の誰もが、ジェダイのようにフォースを使い、適切な
バランスを見つけることができるだろう。

　数年前、私が企業相手のコンサルティングを始めたころ、どのプロダ
クトチームも優先順位づけと意思決定のために数値的なアプローチを用
いていた。社風としてデータにもとづく分析を重視し、精密第一主義が
優先順位の決定プロセスにも浸透していた。

　あるプロダクトチームなどは、150もの機能に優先順位をつけるとい
う気の遠くなる作業を行っていた。そのチームはプロダクトにとって重
要な5つの原則を基準に、すべての機能に対して、どの原則にどれぐら
い有益か得点を付けていったのである。

5つの原則にもそれぞれの重みがあり、チームがすべての機能に5つの原則におけるスコアをつけ終えたとき、スプレッドシートが1番から150番まで、すべての機能に数字で優先順位を示したのだった。そのスプレッドシートはとても詳細で、本当に正確であると思えた。

しかし、その感覚は偽りであることがわかった。チームの誰一人として、たとえばある特定の機能の優先順位が57番である理由を説明できなかったのだ。スプレッドシートだけが根拠で、「これは5つの原則におけるその機能のスコアから来た数字で、とにかくその順位になった」としか言えなかった。

チームは優先順位のリストを手に入れたが、正しいトレードオフを行う直感を養うことはなかった。プロダクトリーダーたちも、スプレッドシートの吐き出す数字には太刀打ちできなかった。

スプレッドシートの魔法に頼ったやり方にはやっかいな副作用がもうひとつある。複雑であるがゆえに、ステークホルダーとの議論が減るのである。優先順位を巡る議論が行われた場合も、スコアの微調整がほとんどで、その結果、根本的な足並みの乱れがさらに隠されてしまう。

ラディカル・プロダクト・シンキングによる優先順位づけを採用したリーダーたちの多くは、優先順位の根拠が理解しやすくなり、フィードバックも容易になったとコメントしている。

ラディカル・プロダクト・シンキングを用いることで、会話が活発になり、意思疎通が容易になる。その結果、各決断に対する賛同が得られやすくなるし、議論を通じてチーム全体に意思決定の直感が育まれる。

優先度フレームワークを用いなくても、あなたは影響力を駆使したり、意思決定のやり方を観察させたりすることで、チームの人々にあなたと同じ直感を鍛えることもできるだろう。しかし、それにはかなりの

時間がかかる。

　この点を明らかにするために、私は代数の話をすることが多い。優秀な学生たちに代数を教えていると想像してみよう。「x − 1 = 0」という式を見せて、「x = 1」だと説明すると、学生たちはすぐにパターンを理解して次の問題を直感的に解くだろう。

　しかし問題が複雑になって変数が増えれば、パターンを見極めるのが難しいので、直感を養うこともままならない。上の者が下の者に優先順位を押しつけると、その決断がわかりやすい場合にはチームにも直感的に理解できるだろう。

　しかし複雑な背景では、あなたがチームに与える決断や優先度はでたらめに見えるかもしれない。そこにパターンを見いだす者がいるとしても、その数は多くないはずだ。優先度フレームワークを用いながらトレードオフについてわかりやすい議論を行うことで、チームが迅速に直感を磨けるので、あなたとチームはいっしょに旅に出ることができるのである。

　ビジョンがあなたに旅の目的地を示し、前に進む力を与える。まさに、自動車におけるエンジンだ。優先順位はタイヤのようなもの——ビジョンを現実という地面（ビジネス上のニーズ）に結びつける役割を担う。

　ビジョン駆動型プロダクトを開発するには、優れたビジョンのもつ駆動力と、その力を優先順位に変える性能が必要になる。ラディカル・プロダクト・シンキングの優先順位づけと意思決定を行うことで、チーム全体があなたのビジョンを受け入れ、日々活用するようになるだろう。

- ラディカル・プロダクト・シンキングでは優先度フレームワークを戦略
ツールとして用いて、優先順位づけと意思決定の根拠に関するコミュニ
ケーションを円滑にする。その最初のステップとして、ビジョンフィッ
トとサバイバルの2本の軸を定義する
- サバイバルの定義には「明日にでもプロダクトの終わりを意味するかも
しれない最大のリスクは何だろう？」という問いを用いる
- 優先度フレームワークにより、チームは次の4つの領域にイニシアチブ、
機会、タスク、機能などを配置してトレードオフを評価できるため、自
然と意思決定が容易になる
  - 「理想」領域：リスクが低く、ビジョンへの前進を促す
  - 「ビジョンへの投資」領域：ビジョンへの前進を促すが、短期的にリ
スクを高める
  - 「ビジョン負債」領域：短期的なサバイバルの確保に役立つが、ビ
ジョンからは遠ざかる
  - 「危険」領域：ビジョンから遠ざかり、リスクも高める
- 優先順位づけや意思決定にこの方法を用いる例として、次を挙げること
ができる
  - あなたの戦略とその根拠をチームや役員に説明する
  - 難しい決断を下すために議論を促す
  - プロダクトに関する決断やトレードオフに対する直感を共有する

# 第6章
# 実行と測定
## ──さあ、始めよう！

## 仮説の試行と検証でプロダクトをビジョンに近づけたナック

　日々の行動や成果の評価にビジョンと戦略がしっかりと反映されて初めて、ビジョン駆動型プロダクトの開発が可能になる。ビジョンと戦略がつながりを失ったときにプロダクトがどのように軌道を外れてしまうのかを知るために、そして実行と測定にラディカル・プロダクト・シンキングを用いることでビジョン駆動型のアプローチを維持できるという事実を明らかにするために、ナック（Nack）の例を見ていこう。

　コーヒーを飲みながら初めて会話を交わしたとき、ナックを創業したポール・ホーンはとても情熱的に企業について話した。ホーンは「ランダムなコーヒー交流」を通じて世間に〝優しさ〟を広めようと考えてナックを立ち上げたそうだ。

　着想のヒントになったのはイタリアで始まった「カフェ・ソスペーゾ」というしきたり。1杯のコーヒーを飲む人が2杯分を支払う行為を指す。その際、2杯目の代金はコーヒー代を自分で払えない人のために使われる。つまり、ランダムな親切さを必要とする貧しい人のための前払いなのだ。

ホーンはモバイルアプリをつくり、ユーザーが求める機能を繰り返し追加していった。ホーンは「ユーザーを喜ばせることでiPhoneが時代を象徴するプロダクトになった」と説くケーススタディを読んだ。ザッポス（Zappos）は幸福を届けることで成功したと説明する本も読んだ。そのような知識を得て、ホーンはほかの多くの起業家たちと同じように、ユーザーを喜ばせる目的の活動を繰り返した。

　ナックのアプリを見れば、ユーザーは街のどこにカフェ・ソスペーゾがあるかわかったし、自ら2杯分を支払うことで「ランダムなコーヒー交流」を行うことができた。ユーザーは毎日のようにアプリを利用し、友人やほかの人に参加を呼びかけた。そのためナックは、ユーザーがプロダクトを推薦する確率（ネット・プロモーター・スコア）、アプリ使用時間、1日利用者数などといった指標で他社がうらやむほどの高い値を達成した。

　しかしながら、そのような主要指数は右肩上がりだったにもかかわらず、事業の現状について語るときのホーンの口調からは熱意が消えていた。なぜなら、ユーザーたちは無料のコーヒーだけが目当てだったことがわかったからだ。

　ユーザーたちは毎日のようにログインして、無料でコーヒーが飲める場所を探してはそれを手に入れるためにわざわざ車で遠出していたのである。その一方で、前払いはしない。つまり、アプリを通じて優しさを広めることには興味がなかったのだ。イテレーティブ型アプローチでユーザーを喜ばせることには成功していたものの、ホーンのプロダクトは望んだ変化を世界にもたらしていなかった。

　一般的に、成功するプロダクトをつくるには、市場でいくつかの機能をテストして、顧客の反応をもとに手を加えるのがいいとされてい

る。これは〝ユーザー駆動型〟の開発法だ。実際のところ、ユーザーの
フィードバックを得ることは、車を運転しているときに道を尋ねるよう
な行為だ。そうすることで道順は改善できるだろう。ただし、ドライ
バーであるあなたは目的地を知ったうえで道順を尋ねなければならな
い。ナックのケースでは、ユーザーが後押ししたのではなく、ユーザー
が好き勝手な方向へ進んだ。

　ナックのユーザーの多くは、近くで無料のコーヒーが飲める機会がな
いと声高に不満を漏らしはじめた。そんなユーザーを喜ばせる目的で、
ホーンはナックを通じたカフェ・ソスペーゾを増やすために自腹で1500
ドル以上を費やした。そこまでしても、ランダムな優しさの輪は（ホー
ン自身の優しさを除いて）広がらなかった。

　ホーンは自らの行動とその評価をビジョンに結びつける必要があっ
た。ビジョン駆動型のアプローチに考えを改めなければならなかったの
だ。

　ホーンは自らのプロダクトビジョンを「コーヒー好きの人々の優しさ
の拡大」と定義し、アプリをその変化を起こすためのメカニズムと位置
づけた。ビジョンを現実に変えるための戦略では、「コーヒーは優しさ
を示す手段である」とユーザーに知ってもらうことに重点を置いた。そ
のために、ホーンはアプリに一連の機能を追加した。ユーザーが無料の
コーヒーを1杯受け取るたびに、さらにもう1杯提供されたのだ。1杯目
はそのユーザーのために、2杯目はギフト用に。

　いくつかの企業が優しさの輪を広げる運動に参加し、スポンサーとし
てギフト用コーヒーを提供したのである。ユーザーはスポンサーが支
払った2杯目のコーヒーをギフトとして利用することを学んだ。これが
ユーザーに大きな変化を生んだ。

コーヒーを他人に贈ることに喜びを見いだすユーザーが増え、スポンサーが出資したコーヒーを無料で飲んだことがあるユーザーの27パーセントが、自費で2杯目のギフト用コーヒーを買うためにアプリを使うようになったのだ！

　新しいナックは、コーヒーがただで〝もらえる〟という形でユーザーを喜ばせる代わりに、ユーザーがほかの誰かにコーヒーを〝贈る〟ときに生まれるポジティブな感情に重点を移した。明確なビジョンと戦略を実行と測定に変換することで、ホーンは自らが望んだ変化を起こしながら、ユーザーを喜ばせることに成功したのである。

　本章ではビジョンと戦略と優先順位を実際の行動とその測定に変換するためのツールとヒントを紹介する。ここで紹介する仮説にもとづいた実行方法を用いれば、ビジョンとイテレーティブから最大限を引き出すことができるようになるだろう。

## 仮説を立て適切な指標を得る方法

　プロダクトは変化を生むために改善を続けるメカニズムだ。通常、企業は何を改善すべきか決めるにはデータにもとづく決断が必要だと強調する。プロダクトの開発でデータを重視するのはすばらしいことだ。

　ただしそれには条件があって、適切な対象を測定することが前提になる。一般に〝データ駆動型〟とは、ビジネスとプロダクトは数値（指標）によって推し進められるという意味で解釈される。ところが不幸なことに、あまりにも多くのケースで測定が初歩的であったり、ほかの多くの

企業が測っていたりする数値が、指標として利用されている。しかしプロダクトの推進力として不適切な指標を重視すると、数値指標依存症が発症してしまう。

1日当たりのアクティブユーザー数、ネット・プロモーター・スコア、収益などといった一般的な指標だけを見ると、プロダクトは軌道に乗っていると思えるかもしれない。しかし、それら一般的な指標があなたのビジネスには妥当ではない可能性だってあるのである。

ビジョン駆動型プロダクトはプロダクトそのものにかかわる数値で正当化されることはない。ビジョン駆動型プロダクトはあなたが望む変化を生むためのメカニズムなのだから、実際にそのような変化を生じているかどうかだけが成否の基準になる。だからこそ、ラディカル・プロダクト・シンキングでは〝一般的な〟指標ではなく、それぞれの組織にとって〝正しい〟数値を測ることにこだわるのである。

図6に示すテンプレートを用いれば、実行と測定を容易に計画できるだろう。このテンプレートを用いる目的は、あなたが試そうとしている事柄とあなたが測定しようとしている事柄のあいだのつながりを特定すること。言い換えれば、仮説を立てることにある。次の文の空白を埋めることで仮説が成立する。

もし［〜という実験を行えば］、［〜という結果］になるだろう。
なぜなら［〜という理由］があるからだ。

ナックの「ユーザーにコーヒーを贈るという優しさを教える」という戦略から仮説を立てるとしたら、次のようになるだろう。

もし［我々がユーザーにコーヒーを2杯与え、そのうちの1杯を
ユーザーが他人に与えなければならないとしたら］、［ユーザー
はギフト用コーヒーを自分で支払うようになる］だろう。なぜ
なら［ユーザーはコーヒーを贈ることを学び、そのすばらしさ
に気づくだろう］からだ。

このように仮説を立てたのちに、主要な指標を測って、予想どおりの
結果が得られているか、実験（または戦略）がうまくいっているかを評
価するのである。ナックの例では、優しさの輪を広げるというビジョン
が実現に近づいているかどうかは、自分のお金を払ってギフト用のコー
ヒーを買うユーザーの比率で知ることができた。

テンプレートの「活動」欄には、実験を始めるのに必要な行動や立て
た仮説を検証するためのタスクを列挙する。ナックでは、仮説を検証す
る前に、マーケティングキャンペーンの一環としてコーヒーの費用を肩
代わりするスポンサーパートナーが必要だった。また、ユーザーがコー
ヒーを受け取ったり贈ったりできるようにする機能も開発しなければな
らなかった。

このテンプレートを用いれば、自分のビジョンと戦略の実現度を知る
のにどの指標が適しているか特定しやすくなるだろう。ビジョンを仮説
に置き換えることで、「このビジョンで描いた世界が実現されつつある
かどうかを示すのはどの指標だろうか？」と問い、進捗を測ることがで
きるようになる。

取組み名： _____

担当チーム／担当者： _____

✎ **主要指標**
　　どの測定可能な成果を求めるか？

☑ **実験を行うための活動**
　　実験の具体的な内容は？

⑦ **仮説**
　　そのような結果が得られると考える根拠は？

もし
上記の実験を行えば……

上記で想定した……の
結果が得られるだろう

なぜなら……
という理由だからだ

**図6　仮説を立て適切な指標を得るためのテンプレート**

## 実行と測定の使用例

　ビジョンと同様、RDCL戦略もあなたが「きっとうまくいく」と考え
た要素で構成されているはずだ。実行（実験を行うこと）と測定が、本
当にうまくいっているかを教えてくれるだろう。RDCL戦略のそれぞれ
の要素で、実行と数値測定を通じて実行計画がうまく機能しているかを
確かめる必要がある。実行と測定をイテレーティブに繰り返して知識を
蓄えながら、RDCL戦略を練り直してアップデートしていこう。
　実行と測定のテンプレートの使用例をここで紹介しよう。ライクリー
で、私たちはユーザーが自分好みのワインを見つけるサポートをしたい
と考えた。その際、ユーザーにうんざりされることなく味の好みを知る
方法をデザインすることがRDCL戦略の1要素だった。私たちは次のよ
うな仮説を立てた。

> もし［ユーザーに好きなワインの銘柄を尋ねたら］、［ユーザー
> のほとんどはその質問に答える］だろう。なぜなら、［ワイン
> の名前を入力するぐらいならさほど面倒でもないし、それだけ
> の手間でパーソナライズされたお勧めワインを受け取ることが
> できるの］だから。

　この仮説を検証するために、私たちは「質問に答えるユーザーの数」
を追跡した。ところが残念なことに、どうやらユーザーの多くは自分が
おいしいと思ったワインの名前を思い出せなかったようだ。たった20
パーセントしか質問に答えなかったのである！　ユーザーの好みを知る

ために好きなワインの銘柄を尋ねるという戦略は空振りに終わった。

　戦略を改善するために、仮説を次のように立て直した。

　　　もし［ユーザーの味の好みを知るための単純な質問集をつくっ
　　　たら］、［ユーザーはその問いに答える］だろう。なぜなら、「ワ
　　　インの名前を尋ねる最初のやり方とは違って、この質問形式で
　　　はユーザーに記憶を掘り起こすという負担を強いない」からだ。

　この仮説を検証するための活動には、ユーザーの味の好みを導き出す
のに適した短い質問集をつくることが含まれていた。たとえば、どのぐ
らいの渋みのワインが好きかを知るために、コーヒーや紅茶をどうやっ
て飲むかを尋ねた。ブラック？　ミルク？　それとも砂糖とミルク？
酸味の好みを知るためには、どのフルーツが好きかを尋ねた。そうやっ
て、単純な質問からユーザーの好みを推測したのである。

　アンケートを実装したところ、この単純なアプローチが功を奏したこ
とがわかった。ユーザーの70パーセント以上が質問に答えたのだ！　私
たちは戦略的に測定とイテレーティブを行ったのである[注1]。

　RDCL戦略のすべての要素に仮説を立てるのは面倒に思えるかもしれ
ないが、続けることで仮説を立てて検証する思考法が身についていく。
前の章で見たように、ラディカル・プロダクト・シンキングの目的は直
感を養うことだ。上記のテンプレートは、指標についてよく考える習慣
が身につくように設計されている。

　その習慣を身につければ、この思考法が自然と駆使できるようになる
はずだ。プロダクトに新たな機能をつけ加えるたびに、あるいは企業と
して新たな戦略を実行するたびに、仮説を立てるよう心がけよう。

# ラディカル・プロダクト・シンキングとイテレーティブ

　本章で紹介した仮説を立てて検証する考え方の例は、ラディカル・プロダクト・シンキングがリーン・スタートアップやアジャイルなどフィードバックを得て検証する考え方と相性がいいことを示している。

　仮説を立てて検証するアプローチは、ビジョンと戦略は仮説であるというマインドセットをスタート地点にしている。ラディカル・プロダクト・シンキングは、あなたがつくっているものは何であるか、そしてなぜつくるのかを定義および説明する際のよりどころになる。そして、リーンやアジャイルが不確実な状況下における実行、学習、イテレーティブをサポートする。仮説を立てて検証することを通じて知識を集め、そこで学んだことをもとに戦略や、あるいはビジョンまでも見直して修正を加える。その様子を示したのが図7だ。

　イテレーティブ主導型のパターンに陥るのを避けるために、リーンやアジャイル活動はすべてビジョンと戦略にもとづいていなければならない。たとえばリーン・スタートアップ論は、〝実用最小限のプロダクト（MVP）〟つまり初期顧客を満足させるのに必要十分な性能を有するプロダクトをリリースして、その際に得られるフィードバックを活用してプロダクトのさらなる開発を進めるというやり方を重視する。しかし重要なのは、MVPの計画にRDCL戦略を応用することだ。

　一般的に、MVPはガラクタでなければならないと言われている。その際、リンクトイン（LinkedIn）を立ち上げたリード・ホフマンの発言「もしプロダクトの最初のバージョンで恥をかかなかったのなら、それはリリースがあまりにも遅すぎたということ」がたびたび引用される。

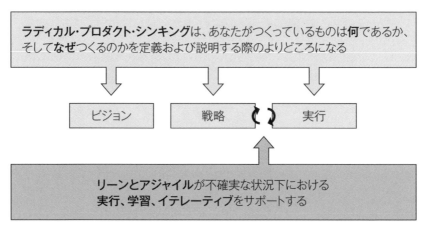

ラディカル・プロダクト・シンキングは、あなたがつくっているものは何であるか、そしてなぜつくるのかを定義および説明する際のよりどころになる

ビジョン　　戦略　　実行

リーンとアジャイルが不確実な状況下における
実行、学習、イテレーティブをサポートする

**図7　ラディカル・プロダクト・シンキングとリーンおよびアジャイル方式の関係**

確かに、一部の市場ではそう言えるのかもしれない。しかし、この言葉が正しいかどうかは、実際にはRDCL戦略とリアル・ペイン・ポイントによって決まる。

　MVPにとって欠かせない要素は、それがソリューションとして初期ユーザーを満足させるだけの〝実用性〟を備えていることである。たとえば、ロボットを用いて倉庫管理を自動化する企業の場合、そのための設備が最重要だ。もし、システムが故障したら、倉庫は運営ができなくなり、出荷に遅れが生じて顧客が損失を被る。つまり、この場合の実用最小限とは、長い稼働時間に耐えられるうえ信頼もできる高度なシステムなのである。

　それに比べて、スマートフォン用のショッピングアプリはどうだろうか？　かなり原始的なMVPから始めても問題ないはずだ。つまりMVPは戦略から導き出され、最重要ユーザーセグメントのリアル・ペイン・ポイントを満たすものでなければならない。

その逆もまた真で、MVPが戦略にも影響する。たとえば、上の例の
ように倉庫の自動化ビジネスの場合、最初から完全に実用的なプロダク
トをオファーするには多額の資金を調達する必要があるだろう。

　アジャイル開発のプロセスでも、ラディカル・プロダクト・シンキン
グを応用してプロダクトを段階的に完成させていくことができる。ア
ジャイルを行う場合、声の最も大きなユーザーがあなたの次の行動を決
めてしまうことがある。そのため、最も緊急性が高いと考えられる機能
が頻繁に変わり、数週間ごとに〝マイクロピボット〟を行うことになっ
てしまう。ビジョンと日々の活動のつながりが希薄になれば、プロダク
トは互いに矛盾し合う機能や仕様を抱え込み、ちぐはぐなものになって
しまうリスクが高まる。

　ラディカル・プロダクト・シンキングのアプローチを用いて戦略を実
行してその成果を測り、仮説と実行について意見を共有して、何を学ん
だか、次にどのような実行をするかなどのコミュニケーションを図るこ
とで、このリスクを避けることができる。

　次の改善サイクルで何を優先すべきかを計画するときもラディカル・
プロダクト・シンキングのアプローチが有効だ。ビジョンフィットとサ
バイバルを軸にした優先度フレームワークを使って、ビジョンへの前進
と短期的なビジネスニーズのバランスをとりながらタスクや機能の優先
順位を決めればいい。

　実行を通じて、進行方向の修正が、ときには大胆な方向転換が必要で
あることがわかることもあるだろう。ビジョンとRDCL戦略の見直しを
定期的──初期スタートアップの場合は毎月、成熟したプロダクトには
半年ごとなど──に行うことで、コミュニケーションを制度にすること
もできる。そのようなアプローチを用いることで、ぶれずにビジョンに

狙いを定めながら、プロダクトを改良することができるはずだ。

## プロダクト指標にむやみに数値目標を定めるのは危険

　ラディカル・プロダクト・シンキングはプロダクトを「目指す変化を生むためにつくられた絶えず改善を続けるメカニズム」とみなす。自分にとって重要な指標を見つけたら、その指標に特定の数値目標値を設定することがプロダクトの成功につながると考えられがちだ。何しろ、今までずっと「何かを達成したければ、測定可能な目標を決めろ」と言われてきたのだから。

　一般にOKR（Objectives and Key Results）と呼ばれるフレームワークがあって、多くの企業が全社目標を決め、責任を振り分け、成果を追跡するために用いている。たとえば「2万人の新規登録者を達成する」などで、私はプロダクト指標がそのようなOKRの設定に用いられている例を多く見てきた。OKRの設定では、チームは野心的な高い目標を決めるよう求められる。

　しかし皮肉なことに、野心的な目標はモチベーションを下げてしまう。プロダクトに情熱を注ぐ優秀な人でさえ、目標に達成できない事態を恐れて、設定するゴールはあまり高すぎないほうがいいと主張する。

　「Goals Gone Wild：The Systematic Side Effects of Overprescribing Goal Setting（目標を見失ったゴール：過剰に投薬されたゴールセッティングに発症する体系的な副作用）」という共同論文でエラー経営大学院、ハーバード・ビジネス・スクール、ケロッグ経営大学院、ウォー

トン・スクールの研究者たちが、「目標設定は選択的に行い、警告ラベルを施し、徹底的に監視すべきである」と主張している[注2]。

研究者らは、具体的で達成困難な目標はポジティブな結果をもたらすこともあるが、同じような目標が従業員のパフォーマンスを下げ、具体的には指定されていないが重要である要素への集中をそぎ、人間関係を害し、社内文化をむしばみ、リスクの高すぎる行為や非倫理的な行動を促すことも多い、と説いた。

プロダクトづくりでは、プロダクト指標を数値目標にするのは特に気をつけたほうがいい。プロダクトの開発プロセスは不確実要素に満ちていて、これが正解と言える答えがほとんどない。

研究を通じて、複雑なタスクでは、言い換えれば最適な戦略が明らかではなく、やるべきタスクと結果に明確な関連性がすでに見て取れたり、ある程度証明された因果関係があれば、数値目標を立てて突き進めばいい。たとえば「1時間に10回行うタスクを20回にすれば、アウトプットが倍に増える」というようなものだ。

しかし、プロダクトの開発プロセスは不確実性に満ちていて、これが正解と言える答えがほとんどない。正解がない以上は、どの方向にどのくらい力をかけるのか、という戦略を仮説をもとに検証し、振り返っては軌道修正をしていくほかない。

プロダクトづくりでは、各タスクを実行することへの注力よりも、戦略を立て、仮説検証を繰り返して正しい戦略の方向性を磨いていくほうが重要だ。こうしたケースではむやみに具体的な数値目標を設定してしまうよりも「最善を尽くせ」的なおおざっぱな指示のほうが高い成果につながることが明らかになっている[注3]。

数値を上げることだけを唯一の目標としてしまうと、具体的な目標が

アイデアを試してみる気持ちや状況に適応しようという意欲を抑制するので、イノベーションが起こりにくくなる[注4]。

## 数値目標は知らず知らずのうちに視野を狭める

　少数のプロダクト指標に数値目標を定めることのもうひとつの問題点として、その指標の数値の改善のみに視野を狭めてしまう危険性を挙げることができる。成功プロダクトをつくるには、ユーザーのために何を改善すべきかいくつかの仮説を立てる必要があるはずで、そのためには数多くの指標を測って分析することになるだろう。

　ところがOKRは数少ない指標に集中することを要求する。従業員たちはそうした狭い範囲で成功に向けた最適化を行うだろうが、その際、測定をおろそかにしたほかのKPIが犠牲になる恐れがある。OKRを用いれば、あなたは〝ローカルマキシマム〟にたどり着けるかもしれないが、〝グローバルマキシマム〟には到達できないだろう。

　達成が困難な具体的な目標を与えられた人々は、「最善を尽くせ」というシンプルな指示を得た人々に比べて、経験から学習することが少なく、パフォーマンスが下がる事実が、調査を通じて確認されている[注5]。

　実現可能と思えるよりも少し高めの目標（ストレッチ目標）では、目標設定に対する批判がさらに厳しくなる。いわゆる「目標による管理（MBO：Management By Objective）」のために目標設定を行うと、手段ではなく最終結果に意識が向くことが研究で証明されている。研究者によると、具体的な目標を与えられた人々は、最善を尽くすことを求め

られた人よりも、非倫理的な行動を起こす確率が高くなるそうだ。さらに重要なことに、目標にわずかに手が届かない状態にある人で非倫理的な行動の可能性が特に高くなる[注6]。

　2000年のルーセント・テクノロジーのスキャンダルが、ストレッチ目標の問題点を浮き彫りにしている。同社は収益をおよそ7億ドルも過剰に報告したのである。かつてルーセントでCEOを務めていたリチャード・マッギンは、幹部に大胆な目標を押しつけることで有名で、年間収益の20パーセント増を要求した。300億ドル規模の資産を抱える企業にはとてつもなく大きな目標だ。

　しかしまるで魔法のように、四半期ごとに収益が増えていた。そしてあるとき、同社は80億ドルを「カスタマー・ファイナンシング」に回した——しかし実際には、プロダクトを手放して、その行為を不正に「販売」と分類していたのだ[注7]。元従業員は、マッギンと企業が不可能な目標を設定したため、世間を欺くしかなかったと告発した。

　目標が反社会的な行為を促す様子を、私たちはこれまで何度も見てきた。ウェルス・ファーゴの経営陣は、プロダクトを抱き合わせ販売する戦略を立てた。各顧客の〝財布〟におけるウェルス・ファーゴの〝シェア〟を広げることが目的だった。この戦略の一環として、各支店長に対して、販売するプロダクトの種類と数の点で極めて高いノルマを課した。目標が達成できなかった支店では、不足分が翌日の目標に加算された。

　2016年、スキャンダルが明るみに出た。厳しいノルマを達成するために、従業員たちが顧客に内緒で新規口座を開設していたのである。署名の偽造さえ行われていた。2020年2月、ウェルズ・ファーゴは不正販売行為に関する長期捜査に対する和解金として30億ドルの罰金を支払うことに合意した[注8]。

数多くの研究が、人は目標を達成するためなら悪事を働くこともある
と証明してきたにもかかわらず、この事実はこれまで一貫して無視され
てきた。目標設定に関する重要な書籍の著者であるエドウィン・ロック
とゲーリー・ラザムでさえ、目標の悪影響を予測し、目標設定の「意図
しない機能不全」を指摘している。

　ただし、ロックとラザムは、「管理システム」の構築や、倫理に反す
る従業員を解雇して「そのような人々がもたらす収益増やコスト減を差
し引いた場合でも」目標を達成できるようにする、という表面的な解決
策しか提案していない[注9]。理論的な研究も、実際の経験も、目標設定
が非倫理的な行動を促すことを示しているにもかかわらず、それでも目
標による管理を続けるのなら、パフォーマンスを損ない、しかも不正行
為を助長するシステムを永続させることになってしまう。


## OKRの悪影響


　最近では目標設定の悪影響に関する認識が高まっていて、いくつかの
企業がアプローチを変えはじめた。小さな変更としては、パフォーマン
ス評価からのOKRの分離を挙げることができる。

　エヴァン・シュワルツとグーグルで2006年から2016年にかけて人事の
上級副社長を務めていたラズロ・ボックはある記事で、OKRをパフォー
マンスと結びつけてはならない理由を次のように説明している。「グー
グルは、プロダクトの使用に関するOKRを報酬と結びつけた。すると、
人々はボーナスを得るためにシステムをいじるようになった。金銭的な

インセンティブと主要指標とを結びつけるというアイデアが、プロダクトにも、より大きな社風という意味でも、有害だったのである」[注10]。

　ボックとグーグルがOKRを広めたのではあるが、副作用を防ぐために、OKRをパフォーマンス管理から切り離すことを勧めている。

　しかし残念ながら、それだけでは不十分だ。OKRを金銭的なインセンティブに結びつけていなくても、OKRを設定するというプロセスが、特定目標に対する責任者の指定を強いる。要するに、何らかの目標が達成できなかった場合、その責任が誰にあるのかを誰もが知っているという状態になる。したがって、実質的には目標達成とパフォーマンス管理が結びついているのである。

　『Product Roadmaps Relaunched（プロダクト・ロードマップ再考）』（未邦訳）の著者ブルース・マッカーシーは、自身が開催するOKRワークショップにおいて、目標設定の悪影響に対処するもうひとつの方法は、「OKRは再調整が可能であるという事実を意識すること」だと説く。設定したOKRが進捗状況を示す指標として適切でなかった場合や、達成できないことが明らかな場合は、変更すればいいのである。

　小さな企業なら再調整も可能だろう。しかし大企業ではOKRが複数の事業部門にまたがるため、毎年関係者の賛同を得てOKRを設定するのは大変なことだ。もしその年の途中でいくつかの目標が不適切であることがわかったら、それを手直しするための協調やすり合わせを行う余裕がどれほどあるだろうか？　おそらくほとんどないに違いない。

　実際、OKRを定期的に見直したほうがいいという提案を受けたある大企業の幹部が「そんなことを年に何回もやったら我々は死んでしまう」と応じたこともある。いったん設定してしまえば、OKRを調整するのはとても難しいので、それが自分たちの成功を測るには適していな

いとわかっても、チームは目標に向かって働きつづけようとする。

　実例を挙げると、スポティファイ（Spotify）が同社の人事ブログでOKRの使用をやめることを発表し、その理由を次のように説明した。

　「我々がOKRプロセスに投じてきたものは、その時点ですでに時代遅れであることが多かった。そのため、得られるOKRも遅れていた。

　我々は何の価値ももたらさないプロセスにエネルギーを費やしていたのである。そう気づいたため、我々はOKRを放棄し、コンテンツと優先事項に集中することにした。我々はどこに向かっているのか、何が今の優先事項なのかを全員で確かに理解したうえで、そこに到達する方法についてチームに責任を委ねることにする[注11]」。

　このやり方は、明確なビジョンと戦略を決め、それを優先順位に置き換えて実行に移すという意味でラディカル・プロダクト・シンキングのアプローチに非常によく似ている。

　皮肉なことに、パフォーマンス目標やOKRの設定はローカルマキシマムを追求する態度を強め、私たちをグローバルマキシマムから遠ざけてしまう。プロダクト指標を用いてパフォーマンス目標を設定するというやり方はもう忘れたほうがいい。もっと〝ラディカル〟なアプローチに切り替えるときが来たのだ。


## チームが一丸となるよう促す


　ラディカル・プロダクト・シンキングでは、チームが途切れることなく学習を続け、プロダクトを倫理的に正しく改善しつづけるのを容易に

するコラボレーションアプローチとして指標の測定がデザインされている。これには、プロダクトが期待通りの変化を生み出しているかどうかを示す指標にチームを集中させたうえで、定期的なフィードバックでその進捗を管理するという狙いがある。

　OKRもまた、組織が生み出そうとするインパクトを定量化することで、チームの意識を目標に向けさせる効果が期待されていた。しかし、ほとんどの組織は漠然としたビジョンステートメントを作成するだけで、それを詳細なラディカル・ビジョンステートメントに変換しない。

　そのため、OKRは望ましいインパクトについては詳細な情報をもたらすが、同時に副作用も引き起こす。チーム全員を目標に集中させながらもそのような副作用を避けるための最初のステップがラディカル・ビジョンステートメントの作成なのである。

　ラディカル・プロダクト・シンキングのやり方でビジョンを作成することで、チームはみんなでつくろうとしている世界をはっきりと思い浮かべることができ、RDCL戦略を用いることで、そのビジョンを行動計画に変換しやすくなる。

　目指す変化の方角と大きさに向けてチームの足並みをそろえるために、ビジョンと戦略を利用するのだ。チーム活動としてそれらをつくるワークショップを行うことで、チームの関与が強まり、あなたが掲げる目標が受け入れられやすくなるだろう。

　明確なビジョンと戦略が決まれば、その進捗を示すと考えられる主要指標をリストアップしてみよう。ただし、その際に目標値を恣意的に決めたりはしないこと。また、それ以降も定期的に、その指標が適切であったかどうかを検討する機会を設けるのがいいだろう。

　もし、世間一般に重要とされている指標ではなく、自分の組織にとっ

て最適な指標に測定対象を変えるつもりなら、成功をどう測るつもりなのかをチームに、そして投資家にも伝えなければならない。

　誰もが、投資家や利害関係者が〝トラクション〟をどう定義するかを考え、測定戦略を立てがちだ。ある企業は「すべての情報にワンクリックでアクセスできる」を〝使いやすさ〟とみなして、すべての情報がホームページから1回のクリックでアクセスできるウェブサイトをつくってきた。ワンクリックで情報が見つかれば、それでよし、だ。

　しかし、ユーザーにとっては探している情報を見つけるためのクリックの数ではなく、いかに少ない時間で目当ての情報にたどり着けるかが重要だった。それに気づいた同チームが情報のよりよく整理されたウェブサイトに方向転換をしたとき、それまでホームページ上で示されていた要素の多くが階層メニューのなかに隠されることになった。

　この変更を実施する際、チームは成功の測り方をどう変えるのか、明らかにする必要があった。測定には——データを捕捉するという意味でも、手に入れたデータを分析するという意味でも——時間も費用もかかるのだから、皆が同じ考えを共有していることが重要になる。

　何を測定すべきかという点で合意に達して初めて、プロダクト指標について話し合いを始める。組織の多くはOKRを使い、特定指標の目標値を達成する担当者を決めて成果に責任をもたせる。目標ベースのアプローチに伴う悪影響を起こさずに責任を果たすためには、定期的にミーティングを開いてプロダクトチームにプロダクトKPIを発表させればいいだろう。

## チームには指標へのフィードバックを継続的に行う

　チームで成功を祝ったり、気兼ねなく改善策を話し合ったり、ほかのアイデアについて検討したりする機会を設けることも大切だ。

　上位のマネージャーよりもチームのほうがプロダクトに関する数字に詳しいし、内部の人間としての知識も豊富だ。発表する数字のせいで自分たちは罰せられるかもしれないと恐れるチームは、都合のいい数字だけを選んだり、結果を誇張したりするようになる。数値についてオープンに議論できる機会を実現するには、学習を促す心理的安全性が欠かせない（詳しくは次章で）。

　そのような機会を設けるためにも、マネージャーはチームが達成しなければならない目標値を設定するのではなく、指標に関するフィードバックをチームに継続的に与えるのがいい。ベースラインとなる現状の数値に対する共通認識を得たうえで、あなたがどんな改善を、どれぐらいのペースで期待しているか、そしてそれが優先事項にどう影響するのかを話して聞かせるのである。目標設定と進捗管理を年に一度の期末試験にたとえるなら、定期的なフィードバックサイクルは年間を通じて設けられる中間テストとみなせるだろう。

　OKRを利用するチームは、各目標のすり合わせに多くの時間を費やす。その時間を、部門の垣根を取り払った定期ミーティングにあてがい、各チームが数値を発表し、学習内容を共有し、社内のほかのチームからフィードバックやヒントを得る機会にすればいい。そのようなミーティングを通じて足並みをそろえ、責任感を養うのである。

　すでに紹介した論文「Goals Gone Wild」の筆頭著者であるリザ・オ

ルドニェスは現在、カリフォルニア大学サンディエゴ校のレディ経営大学院で学部長を務めている。責任ある役職に就いたにもかかわらず、オルドニェスは目標設定に関する研究も続け、ラディカル・プロダクト・シンキングの成果測定に関する文書を読んで私にこう伝えてくれた。

「私の研究を通じて、目標設定には悪影響が伴うことが明らかになりました。非倫理的な行動を促すことが一番の問題でしょう。それに対処する方法として、目標や指標を完全に廃止するというやり方が考えられます。ですが、ラディカル・プロダクト・シンキングの測定アプローチを使えば、組織は生産的に数値を利用し、優先事項を調整することができます。つまり、目標設定の最大の長所（行動の方向性と調整）を維持したまま、ネガティブな作用を抑えることができるのです」。

プロダクトは、あなたが世界に思い描いた変化を実現するための、絶えず改善が続けられるメカニズムだ。そしてラディカル・プロダクト・シンキングが、あなたの行動や測定をビジョンおよび戦略に結びつける。だからこそ、絶え間ない改善が可能なのである。次章では、ビジョン駆動型プロダクトの開発を容易にする文化を組織内で育むために、この新しい考え方をどう利用すべきかについて考察する。

- ラディカル・プロダクト・シンキングではビジョンと戦略が仮説を立てて検証することの原動力となる。一般的な数値を測るのではなく、それぞれの組織にとって最も適切な数値を測る
- ビジョンとRDCL戦略を検証するために、一連の仮説を立てて実験を行う
- ラディカル・プロダクト・シンキングはリーンやアジャイル開発と組み合わされることが多い
- 実行と測定のテンプレートには次の3つの要素が含まれる
  1. 主要指標：あなたのアプローチが適切かどうかを示すおもな指標
     - 何がビジョンに向かう前進を示す指標であるか、よく吟味する
     - RDCL戦略の各要素が適切であるかを知るためには、どの数値を測ればいいだろうか？
  2. 仮説：あなたのプロダクトがユーザーに提供できる価値と得られる数値のあいだの関係を明らかにするために仮説を立てる
     - 次の穴埋め式ステートメントを用いて仮説を立てる
       もし［実験］を行えば［結果］だろう。なぜなら［理由］からだ
  3. 実験を行うための行動：この段階で、実験に必要になるタスクを特定する
     - アジャイル開発を用いるなら、これらの活動がアジャイル・スプリントを促すことになる
- プロダクト指標に目標を設定するのは避ける。ラディカル・プロダクト・シンキングのやり方はチームとして測定や学習を行うコラボレーションを中心にしている
- チームの足並みをそろえ、目標設定をOKRで置き換えるために、次の実践的な3つのステップを用いる
  1. チームとして測定対象を特定する
  2. 数値について安全に議論できる環境を構築する
  3. 定期的なフィードバックを通じて進捗を管理する

# 第7章
# 文化
## ——ラディカル・プロダクト・シンキングな組織

## 文化もプロダクトと捉える

　ビジョン駆動型プロダクトをつくるには、従業員一人ひとりのモチベーションを最大限に高める社内文化が欠かせない。従業員は日々の仕事で楽を取るか、努力を取るかの選択に直面する場面に何度も遭遇する。言い換えれば、彼・彼女らはビジョン負債を増やすか、それともビジョンに投資するかを選ばなければならない。集団的なビジョンに力を投じる可能性は、やる気のある従業員のほうが高い。

　モチベーションの高い従業員が大切なのは言うまでもないが、1万2600人を超えるフルタイム従業員を対象にしたギャラップ調査によると、従業員の76パーセントは少なくとも数回は仕事で燃え尽き症状を経験したことがあり、28パーセントは「とても頻繁に」あるいは「いつも」燃え尽き症候群に苦しんでいると回答した[注1]。

　そのような問題に対して、これまで企業の多くは対症療法的な解決策を施してきた。無料のスナック、瞑想クラス、仮眠施設などだ。そうした方策は職場での生活を円滑にする効果があるのかもしれないが、リ

モートワークが増えている昨今では、従業員に幸福をもたらしストレスを軽減する方法としては効果的ではない。オフィスから離れて仕事をすることが増えたからこそ社内文化が重要なのであり、組織は以前にも増して文化問題に真剣に取り組み、従業員のやる気を維持しなければならない。

ラディカル・プロダクト・シンキングにおけるビジョン、戦略、優先順位、そして実行と計測を身につけたあなたなら、同じアイデアを組織の文化にも応用できるはずだ。

ラディカル・プロダクト・シンキングの考え方では、文化もプロダクトとみなすことができる。各自が胸に秘めたやる気を最大限に引き出し、高パフォーマンスのチームづくりを促す環境をつくるためのメカニズムだ。文化をプロダクトとみなすことで、望む変化を生むために体系的なアプローチを取りやすくなる。

もう指摘しなくてもわかるだろうが、文化を育むには問題の明確な定義と現状を変えなければならない理由の両方を知っておかなければならない。つまり、ビジョンが必要だ。そしてRDCL戦略を立てて、そのビジョンを実行可能な計画に置き換える。明確なビジョンと戦略に従うことで、変化を促しながら成果を測り、イテレーティブを通じて改善を続けることができる。

考え方として筋が通っているのに、文化の改善について話をすると人々は一様にうんざりした表情を浮かべる。なぜなら文化は形のないものと捉えられ、基本的に組織を貫く経験や哲学、価値観や信条、あるいは風習と定義されるからだ。そのため、文化を変えるというビジョンはこれまでずっと、具体性や実行性に乏しく、広範で抽象的だった。

しかし、文化に関するラディカル・プロダクト・シンキングのフレー

ムワークはこの点にメスを入れる。このフレームワークを用いること
で、チームはオープンで誠実な会話を行い、チーム文化について意識を
共有し、必要な変化をはっきりと思い描くことができるようになるだろ
う。

　また、このフレームワークを通じてオープンな議論を行うことにはも
うひとつの利点がある。私がこれまで参加してきたどの印象的なレクリ
エーションよりも効果的に、チームの絆を強くするのである。

## ラディカル・プロダクト・シンキングの文化フレームワーク

　組織文化を理解する大前提は、日々の仕事や交流の積み重ねが文化を
形成すると認めることである。日々の仕事において、あなたは充実感が
得られるタスクと、緊急だと思える優先事項を直感的に天秤にかけて仕
事や交流に取り組んでいるはずだ。

　言い換えると、あなたは仕事をふたつの次元で経験していることにな
る。仕事が満足につながるか消耗を引き起こすか、そして仕事に緊急性
を感じるか感じないか、のふたつだ。このふたつの要素を図8のような
**文化フレームワーク**として表すなら、あなたが経験する文化は、あなた
自身が4つの領域に振り分ける精神力と感情の総和であると言える。

### 「有意義な仕事」
　時間に追われることなく行える満足度の高い仕事。日々の仕事が最も
楽しく感じられる領域。

## 「ヒロイズム」

時間の制限があるなかで行う満足度の高い仕事。適度なプレッシャーは仕事のスパイスとなるが、多すぎると燃え尽き症候群につながる。

## 「サボテン畑」

充実感は得られないのに急ぎの仕事。それらの多くは組織が機能しつづけるのに絶対に欠かせないが、あまりに頻繁になると日々の仕事がまるでサボテン畑を散歩するかのように痛々しく感じられる。

## 「魂の消耗」

慢性の病気のような仕事の領域。急ぎではなくて消耗的。不当な扱い

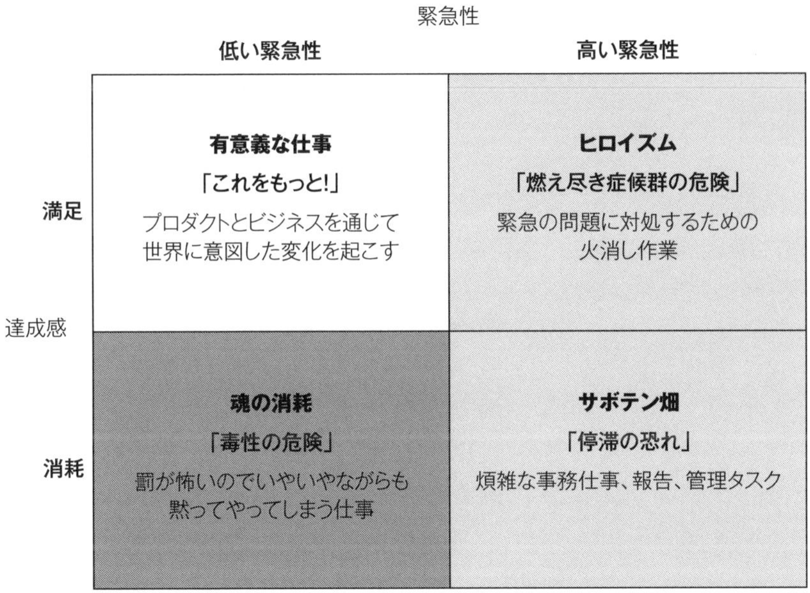

緊急性

| | 低い緊急性 | 高い緊急性 |
|---|---|---|
| 満足 | **有意義な仕事**<br>「これをもっと!」<br>プロダクトとビジネスを通じて世界に意図した変化を起こす | **ヒロイズム**<br>「燃え尽き症候群の危険」<br>緊急の問題に対処するための火消し作業 |
| 消耗 | **魂の消耗**<br>「毒性の危険」<br>罰が怖いのでいやいやながらも黙ってやってしまう仕事 | **サボテン畑**<br>「停滞の恐れ」<br>煩雑な事務仕事、報告、管理タスク |

達成感

図8 **ラディカル・プロダクト・シンキングの文化フレームワーク**

を受けたり、不当な扱いを受けていると感じたりするような活動がここに含まれる。

　良好な文化があれば、ほかの領域に比べて「有意義な仕事」領域で過ごす時間が長くなる。本章では、図9のような社内文化を育む方法を説明する。

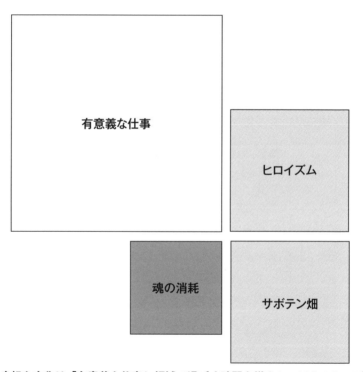

図9　良好な文化は「有意義な仕事」領域で過ごす時間を増やし、ほかの3つの領域に費やす時間を減らす

# 「有意義な仕事」

「有意義な仕事」領域で過ごす時間が多いと、組織文化は満足度も充実感も高く感じられる。この領域の時間を最大にすることで従業員はやる気を保ちやすくなるし、全力で仕事に打ち込めるようになる。

私の文化ワークショップでは、次のような活動が人々から有意義と感じられることが多い。

・ 困難な問題を解くこと。達成感が得られる
・ 変化や前進を実際に見ること
・ 連帯感の強いチームで働くこと

表2　**ラディカル・プロダクト・シンキングが内発的モチベーションを最大にする**

| 原動力 | ラディカル・プロダクト・シンキング |
|---|---|
| 目的<br>　自分よりも大きなものの一部になりたいという憧れ | イテレーティブ主導型とは違って、ラディカル・プロダクト・シンキングはビジョン駆動型のアプローチを促し、明確なビジョンと戦略がイテレーティブの原動力となる |
| 自主性<br>　自分で自分の人生の方向性を決めたいという願い | 優先度と意思決定のラディカル・プロダクト・シンキングのフレームワークがチームにビジョンへの前進と短期利益のバランスの取り方を示す。つまり、直感と自主性を養うツールとなる。自主が不可能な場合でも、フレームワークがあなたの考えを共有し、個人の自主性を高めるコミュニケーションツールとして機能する |
| 習得<br>　大切な何かで進歩したいと願う衝動 | ラディカル・プロダクト・シンキングの仮説駆動型の実行と測定アプローチが、ビジョンと戦略において定義した目的にあなたがどれだけ近づいているかを監視する助けになる。改善を続けるための学習ツールとして指標を用いる |

基本的に、世界にポジティブな変化をもたらすというビジョンに向けて前進が実感できる仕事は「有意義な仕事」の領域に含まれる。「有意義な仕事」領域の活動は、ダニエル・ピンクがベストセラー『モチベーション3.0』（講談社）で描写した内発的モチベーションの3つの要素のすべてを含んでいる[注2]。ラディカル・プロダクト・シンキングのアプローチは内発的モチベーションの最大化に貢献し、表2に示す目的、自主性、習得の各要素への振り分けを容易にする。

　明確なビジョンと包括的な戦略に従い、はっきりとした論理的根拠にもとづいて優先順位を決めて実行すれば、「有意義な仕事」領域に費やす時間を最大限に増やすことができる。逆に、方向性が定まっていなければ、人は「ヒロイズム」領域に注目しがちになる。なぜなら、「ヒロイズム」のほうが緊急性が高いため、重要に感じられるからだ。

## 「ヒロイズム」

　「ヒロイズム」の領域で働いていると、満足感は得られるが、同時にプレッシャーも強い。次のような活動がこの領域に含まれる。

- 顧客の抱える緊急問題の火消し作業
- 同僚の退職で欠員が出たため、さばききれないほどの仕事量をこなさなければならないとき
- 間近に迫ったプロダクトのリリース予定日に備えるため、週70時間労働を続けているとき

時間の圧力が頻繁でないのなら、「ヒロイズム」が仕事の日々における発憤を促すこともあるが、この領域で過ごす時間が長くなりすぎると、人は燃え尽きてしまう。

　組織文化がこの領域で過ごす時間を増やすよう従業員を刺激することが多い。私が働いていた企業でも、顧客サイトの修復や顧客支援のために徹夜で働いたエンジニアたちが称賛されていた。その結果、エンジニアたちは問題を起こさないように努めるよりも、起こった問題の解決のために無償で残業するほうが職場で目立ち、昇進のチャンスを得やすくなると考えるようになった。

　組織文化における「ヒロイズム」のニーズは、ときには刺激的にさえ聞こえる。著書『Uncanny Valley（不気味の谷)』（未邦訳）で、アナ・ウィーナーがある分析系のSaaSスタートアップの例を紹介していて、そこではCEOが従業員にかける最大の賛辞は「覚悟を見せてくれた」だったそうだ[注3]。

　人並み外れて長い時間働いた人や何かを犠牲にして仕事を成し遂げた者が、この言葉で称えられた。私も別の企業で同じような話を聞いたことがあって、そこでは従業員が「［その企業のロゴの色の］血を流している」と言うのが忠誠心の証だった。

　しかし現実問題として、覚悟を見せたりロゴ色の血を流したりしていると、長期的な戦略に費やす時間が減ってしまう。それに、そのような働き方がずっと続くはずもない。ギャロップ調査によると、こなせないほど多くの仕事を抱えている人は、職場で頻繁にあるいはいつも燃え尽きを感じていると答える比率が、そうでない人よりも2.2倍も高くなるそうだ。同じ調査で、仕事の締切が厳しくて極めて強い時間圧力を感じていると報告する人のほうが燃え尽き症候群に陥る可能性が70パーセン

ト高くなることも確認されている[注4]。

「ヒロイズム」の領域では、仕事量と時間圧力の節度を守り、限度を超えないことが大切だ。そのためには、インセンティブや報酬の仕組みを見直して、この領域の時間を減らす必要があるだろう。

## 「サボテン畑」

「サボテン畑」領域では、意義があるとは思えない、あるいはビジョンへの前進に役立たないのに、時間的には緊急である管理タスクが痛みを引き起こす。「サボテン畑」には次のような活動が含まれる。

- 新しいノートパソコンの支給を申請するのに、面倒で長々しい申請用紙に記入する
- 管理職の複数の階層から承認を得る
- 比較的小さな決断に対する大きなグループの合意を得るために、根回しをする
- 進捗にとって有意義ではない数値を報告するために時間を費やす

「サボテン畑」領域では、組織が停滞しているように感じられる。この領域で過ごす時間を減らすことができれば、もっと有意義な仕事に費やすエネルギーを増やすことができる。

大企業では「サボテン畑」がプロセスに重点を置いたワークフローの形で現れることもある。そのようなプロセスはタスクの実行方法に一貫

性をもたせるので、タスクを大規模かつ正確に繰り返すのが容易になる。

　たとえば政府機関の場合、わかりやすい段階的な認可プロセスを設けることで、申請者は誰もが自分の申請の結果を予想しやすくなる。しかしながら、深く根付いたプロセスの数が多ければ多いほど、「組織としての抵抗力」が高まり、いかなる変化も寄せ付けなくなってしまう。

　そのため、「サボテン畑」が大きい場合に変化を促すには、各問題の根本原因を調べ、チームに（症状だけでなく）中心問題の存在を納得させ、組織としての抵抗力を克服する方法を示さなければならない。

　たとえばある企業ではミーティングの時間が延びることが頻繁だったため、従業員は不満を募らせていた。ミーティングを始めようにも、ほかのミーティングに出席している参加者たちがいつまでもやってこないので、ずっと待たなければならなかった。そこで私たちはこの症状の治療法として、チームにミーティング管理のベストプラクティスを授け、さらにはミーティング時間の大胆な削減も強制した。

　ところが、その後のミーティングを観察すると、ミーティングが長引くのは各自の足並みがそろっていないからであることがわかった。それぞれ異なる立場で会議を始めても、1時間（あるいは2時間）ほどの時間で重要な問題で合意に達するのはそもそも難しいのである。

　そこで解決策として、私たちはミーティング管理のベストプラクティスを導入する前の準備段階として、全社レベルでビジョンと戦略に関する議論を行ったのだった。

　「サボテン畑」問題に対処するには、従業員たちが管理タスクや承認あるいは報告などで無為に時間を費やしていると感じる分野をリストアップするのがいい。そのリストをもとに、この領域で過ごす時間を減らす方法を計画しよう。

## 「魂の消耗」

「魂の消耗」領域の仕事は疲れるが、時間的なプレッシャーはない。そのため、時間をかけてゆっくりとあなたのエネルギーを奪っていく。「魂の消耗」には次のような行動が含まれる。

- 意見が異なるのに反撃が怖く、言った後の始末を面倒に感じて何も言えない
- 管理作業に時間を費やしたり、仕事のための仕事が多くて無駄に感じる
- 有害で攻撃的な文化を耐え忍ぶ
- さまざまなハラスメントで不当に扱われていると感じつづける
- 重要な話し合いで上司が自分をサポートしてくれるかどうかわからない

多くの場合、この領域の毒性の原因は、グループの生産性よりも個人の成果のほうを高く評価する文化にある。グループが集団的知性を駆使しながら優れた判断を行って高い成果を上げても、メンバー個人の貢献度を特定し、それに応じて評価するのは難しい。

その一方で、個人の仕事を見て、その成果を評価するほうが簡単だと思われる。それなら、個人の生産性を特定して報酬を与えながら、最高のパフォーマーを集めてグループをつくれば、そのグループは最高のパフォーマンスを見せてくれるのでは？

この考えが間違いであることを証明するために、著作家であり連続起

業家でもあるマーガレット・ヘファーナンがTEDトークで、ウィリアム・ミュアがパデュー大学で行った調査について報告している。

実験でミュアは次の世代の雌鶏を繁殖させる目的で、たくさんのケージから最も繁殖力の強い〝鶏の個体〟を選抜して、いわばスーパーチキンの集団をつくった。それと並行して、最も生産性の高いいくつかのケージの〝すべての個体〟を集めて別の群れもつくった。

すると、スーパーチキンの集団で繁殖力が下がったのである。みんな攻撃的でほかの鶏をつついて死に至らしめたため、たった3羽のボロボロになったスーパーチキンだけが生き残った。

その一方で、ふたつ目の群れでは、最高のケージから集めたすべての雌鶏が卵を産み、世代交代ごとに生産性が上がり、産卵数が160パーセントも増えた。

この実験により、各ケージにいた生産性の最も高い個体が、ほかの鶏の生産性を抑圧していたことがわかった。つまり、パフォーマンスを上げたければ、スーパーチキンを避けるべきなのである[注5]。

『サイエンス』に掲載されたMITの研究が、企業でも鶏と同じことが言えると証明している。699人のボランティアが参加したその研究で、ひとりかふたりがほかを圧倒しているグループよりも、メンバーの全員がより平等に力を発揮できるグループのほうが問題解決能力に優れ、高い「集団的知性」を示すことが明らかになった[注6]。言い換えれば、スーパーチキンがチームの集団的知性を下げるのである。

スーパーチキンの行動を受け入れるということは、グループの生産性を犠牲にして個人のパフォーマンスを優先する態度にほかならない。スーパーチキンの行動は黙認されてしまう。

ニュージーランドのラグビーチーム「オールブラックス」はテスト

マッチの77パーセントで白星をあげ、このスポーツを文字通り支配しているが、チームにスーパーチキンは必要ないという態度を徹底している。

チームのメンタルスキルをコーチングしているギルバート・エノカが、アディダスのブログサイト「GamePlan A」で、チームが推し進める「分からず屋はいらない」ポリシーを次のように説明している。

「多くのチームが、［身勝手なプレーヤーを］我慢しています。そのプレーヤーがあまりにも多くの才能を有しているからです。一方、私たちは危険の兆候にいつも目を光らせ、身勝手な選手はすぐに排除するようにしています」。

身勝手な態度はフィールドの外で現れることが多く、コーチはそれらに気づかないこともあるため、この「ノー・スーパーチキン」ポリシーは選手が中心になって実践している。

「私たちの基本理念では、個人の積み重ねがチームなのです」と、エノカは説明する。「チームを最優先にしないと、チームづくりは決して成功しません」[注7]。

もちろん、個人のパフォーマンスはどうでもいいというわけではない。実際、この「魂の消耗」領域のいくつかの要素は、個人に責任を負わせない態度から生じることもある。

不満が募っていたあるチームで、文化のフレームワークを用いた議論を行ったところ、多くのメンバーが実力を出し切れていない人を避けて通らなければならないと感じていたことが明らかになった。そのチームのマネージャーが人と対立することを好まない人で、居心地の悪い話し合いを避けるために、成績の出ない個人に対処してこなかったのである。

その結果、懸命に仕事をしてプロダクトに情熱を燃やすメンバーは、実力を発揮していない人々の穴を埋めるためにさらに働かなくてはならず、不当な扱いを受けていると感じていたのだ。

　個人とグループのパフォーマンスのバランスを適正に整え、不公平を感じる機会を減らすことで、「魂の消耗」領域を小さくすることができる。


## 文化フレームワークの使い方


　日々の仕事を通じて集める経験の蓄積こそが文化であると考えると、文化とは意図するものだけでなく、人々の経験や認識も社内文化の要素であることがわかるだろう。文化が良好であれば、「有意義な仕事」領域で過ごす時間が増え、ほかの3つの領域で費やす時間が減る。

　このフレームワークを用いることでチーム内の議論が活発になり、4つのどの領域でどれだけの時間を費やしているか、明らかになるだろう。

　そのような議論は、チームメンバーがどの仕事に意義を感じているか、どの行動が「ヒロイズム」につながるか、どのタスクが「サボテン畑」なのか、そして何が「魂の消耗」を引き起こしているのかも明らかにするはずだ。

　そのような誠実な、しかし（ほとんどの場合で）居心地の悪い議論を行うことは、高パフォーマンスチームに共通する特徴のようだ。そうした議論を通じて、チームとして問題に取り組み、解決策を見つけること

ができる。そのような連帯がなければ、文化を改善しようとする試みやトレーニングは、メリットの曖昧な追加作業のように感じられる。

　自分の置かれた文化の特徴と、どの文化要素を改善すべきかをはっきりと理解して初めて、RDCL戦略を立てて実行計画を練ることができる。

　一例を挙げると、ある企業ではエンジニアたちが燃え尽き症候群に陥っていた。そこで私たちは「ヒロイズム」の領域を小さくするためにRDCL戦略を用いた。同社で燃え尽き症候群を引き起こしていた最大の要因に取り組むために、RDCL戦略の次の要素に注目した。

## ・リアル・ペイン・ポイント

　新しいプロダクトがリリースされるたびに、エンジニアは数週間の時間を費やして顧客サイトでバグをなくす作業にいそしんだ。これが燃え尽きの引き金になっていて、この問題を迅速になくすことができなければ、組織は人材を失うことになるだろう。

## ・デザイン

　ペイン・ポイントを解消するためには、ハードウェアやソフトウェアを顧客サイトに出荷する前にバグを特定する必要があった。そこで出荷前に、顧客のワークフローを再現して機器のステージングとシステムの検証を行うことにした。

## ・ケイパビリティ

　テストの自動化への投資を増やすことで、検証チームの頭数を大きく増やすことなしに効果的にバグを検出できるようにした。また、地域の

カスタマーサービスチームの能力を強化して、エンジニアが顧客のもとに赴かなくても地元のチームがサポートできる態勢が必要であることも悟った。

## ・ロジスティクス

　インセンティブの仕組みも刷新する必要があった。それまでのエンジニアは困った顧客を救うヒーローとして活動することで注目を浴び、出世のチャンスを得ていた。そこで私たちは、ヒロイズム的な後処理の必要のないプロダクトをリリースするチームを高く評価するようにした。

　以上のような体系的なアプローチを取ることで、私たちは「ヒロイズム」領域を小さくして、各領域における痛みの根本を改善していった。
　大切なのは、組織文化は単一ではないと意識すること。あなたの組織でも、人々それぞれが異なる時間を各領域に費やしているはずだ。
　たとえば、臆病なマイクロマネージャーの下で働く者は多くの時間を「魂の消耗」領域で過ごすだろうし、優れた上司をもつ者とはまったく違う形で社内文化を経験するだろう。
　したがって、さまざまな部門やマネージャー間で人々の反応にどんな違いが生じるかを調べて、どのリーダーを追加指導すべきかを決める手がかりにするのもいいだろう。
　同じように、人種、性別、宗教、身体的な障害などによる反応の違いも、チームが多様性や一体性の努力から恩恵を得られるかどうかを予想するヒントになる。

## 多様性の重要性──危険な領域が少数派に与える影響

　経済的に見て、多様なチームをつくるのは理にかなっている。366の公開企業を対象にした2015年のマッキンゼーのレポートによると、経営幹部陣における民族的あるいは人種的多様性の高さのランキングで上位4分の1に入る企業は平均以上の利益を上げる可能性がほかの企業に比べて35パーセント高くなるそうだ[注8]。

　一方、数多くの失敗プロダクトの例を通じて、チームが均質だと（多様性に欠けると）危険度が増す事実が知られている。たとえば、人感センサーを搭載したある液体ソープ容器が白人にはきちんと反応するのに、色の濃い黒人の手には反応しない様子が、YouTubeビデオを通じて拡散された。グーグルのフォト・アプリは写真の黒人に「ゴリラ」のタグを付けたことでかなりの批判を受けた。そのようなデザインミスの例はいくらでも挙げることができるし、幹部陣に有色人種がほとんど含まれていない企業のリストも長い。

　多様になった現代社会で成功するプロダクトをつくるには、チームメンバーが多様であるのはもちろんのこと、あらゆる肌の色、性別、民族の人々全員が最高の仕事ができる文化を創出しなければならない。

　これまで、テクノロジー業界はいわゆる「パイプライン問題」に焦点を当て、雇用を通じて多様性を高めることに重点を置いてきた。しかし、文化のフレームワークに含まれる4つの領域を見ると、多様性欠如の解決策としては、雇用は絶対に必要ではあるけれども、それだけでは不十分であることがわかる。

　有色人種の従業員は不公平な出来事を経験することが多く、それが

「魂の消耗」領域で過ごす時間の増加につながっている。ピュー研究所が2017年に行った調査では、黒人STEM労働者（科学・テクノロジー・エンジニアリング・数学分野の就労者）の62パーセントが、職場で人種的あるいは民族的な差別を受けたことがあると回答した。

　同じような仕事をこなしている同僚よりも報酬が少ない、職場で頻繁にちょっとした嫌がらせが行われる、などだ。同じ回答をしたアジア系STEM労働者の比率は44パーセント、ヒスパニック系は42パーセント、白人は13パーセントだった[注9]。

　報酬も平等ではないことが、データで証明されている。たとえば2018年のフルタイム労働者のデータでは、白人男性1ドル当たりにつき、黒人女性は61.9セントしか稼いでいなかった[注10]。

　STEM分野では、有色人種は能力が低いという偏見が広がっている。ピュー研究所のレポートによると、「STEM従業員のうち、黒人の45パーセントがそのような偏見に遭遇したことがあると答えた。ヒスパニック系（23パーセント）、アジア系（20パーセント）、白人（3パーセント）ではその比率は小さかった」[注11]。

　そのため、黒人はそのような偏見を克服するためには必死に働くしかないと考え、「ヒロイズム」の領域で過ごす時間を増やすのである。「ヒロイズム」に属する仕事はすべて重要で、それがゆえに評価の対象になりやすいと考えるからだ。

　また、同じ偏見から責任重大な仕事が与えられることが少ないため、黒人は才能を存分に発揮する機会が少ない。結果として、「有意義な仕事」領域に費やす時間が少なくなる。同僚がやらなくてもいいように、黒人たちに管理タスクや面倒な仕事があてがわれることも多い。そうやって、「サボテン畑」で過ごす時間が増える。そして最後には、少数

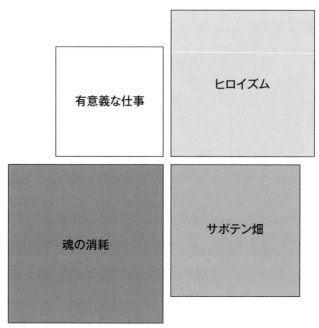

図10　**少数派（黒人）が経験する文化**

派が経験する組織文化は図10のようになるのである。

　職場でこの4つの領域について話すときは、少数派は多数派従業員よりもはるかに強く危険領域の影響を感じているという点を忘れてはならない。しかし、この点について職場で話し合うのは極めて困難だ。そのような会話を行う方法は、メアリー=フランシズ・ウィンターズの『Inclusive Conversations: Fostering Equity, Empathy, and Belonging across Differences（包括的会話——違いを超えたエクイティ、共感、帰属の促進）』（未邦訳）が大いに参考になる。

　スタートとしてそのような会話をもつことは重要ではあるが、議論に行動が伴わなければ、チームは会話を中身のない無駄話とみなすだろ

う。繰り返し行動を起こして文化を広めるには、定期的な検証作業が欠かせない。

「世界クラスの教育を、すべての人に、あらゆる場所で」というカーンアカデミーのビジョンを実現するために、以前デザイン分野の副社長だったメイ=リー・コーは、チームがウェブサイトのユーザーと同じぐらい多様であることが重要だと考えた。

そこでコーは、4つの領域と似た形で調査を毎週行い、自分の多様なチームは各自がベストを尽くせる環境にあるか調べてみた。コーが私に見せてくれたそのアンケート用紙にはたった5つの質問しかなかった。

- 私はチームから評価されていると思う
- このチームで学び成長する機会を得ている
- このチームで成功するのに必要なサポートを得ている
- 先週、持続可能な働き方ができた
- 自分が行っている仕事に誇りを感じる

毎週アンケート調査を行ったことで、現実的な成果を引き出すことができた。たとえば、従業員が持続可能な働き方ができていなければ、コーはそのデータを多くの部門が集まる会議で公表して、プロジェクトの修正を求めた。そのおかげで、ヒロイズムが減ったのである。

コーはチームから賃金格差などの不公平をなくすことにも力を尽くした。女性や少数派は、賃金交渉であまり影響力をもっていないと考えられている（あるいは本当にもっていない）し、そもそも初任給交渉をしないことも多い。

一方、コーのオファーは市場レートを支払う前提で書かれていたの

で、候補者は賃金格差をなくすためにあえて交渉の余地のないオファーが行われると初めから期待することができた。このやり方のおかげで、それまでずっと平均以下の収入しか得ることができなかったグループに、本人たちが期待した額をはるかに超える賃金がオファーされたケースもあった。以上が、「魂の消耗」領域を小さくする戦略の例である。

## 大切なのは心理的安全性

　何でもオープンに、そして正直に話せる環境があれば、「有意義な仕事」、「ヒロイズム」、「サボテン畑」、「魂の消耗」に分類される活動について誠実に話し合うのが容易になる。

　そもそも、そのような環境が整っていれば、チーム一丸となりラディカル・プロダクト・シンキングのアプローチを実践しやすい。ビジョンと戦略を構想するとき、さまざまなアイデアを検討して修正するにはたくさんの異なった意見が必要なのだから。また、ざっくばらんに意見が交換できれば、あなたの決断の根拠を伝えやすいし、さまざまな指標を学習ツールとして使うことも容易になるだろう。

　私が経験したなかで、最も印象的だったチームコラボレーションの例を紹介しよう。私はジョーディー・ケイツとニディ・アガワルと協力してラディカル・プロダクト・シンキングのフレームワークを作成していた。私たちはそれぞれがもたらした独自の視点を互いに心から尊重していた。おかげで、私たちは自分自身であることができた。誰もが、まだ形になっていないアイデアを披露できた。それらを中心にほかのメン

バーが考えをまとめることも多かった。

　たとえば、私は情報を言葉に置き換え、口に出して考えながらアイデアを練る癖がある。同じように、私たちのミーティングでも、私は事細かにあれこれと説明することで、自分の視点を伝えたり修正したり、ときにはアイデアを完全に撤回することも自由にできた。ミーティングでは、まるで心が融合するかのような感覚が広がった。どのアイデアが誰から出てきたのかもわからなかった。私たちはチームとして学んだのである。

　ミスをしても、助けや情報やフィードバックを求めても、チームから罰せられたり軽視されたりすることは決してないという感覚を、ハーバード・ビジネス・スクール教授のエイミー・エドモンドソンが1992年に「心理的安全性」と名付けた[注12]。

　新技術を使って困難な心臓手術を行う複数の医療チームを調査した結果、「何かがおかしい」とか、「こうしたら問題が解決できる」とか、メンバーの全員が（年齢や上下関係に関係なく）自由に発言できるチームのほうが手術の成功率が高かったのだ[注13]。

　また、心理的安全性の高いチームほど、イノベーションを起こしやすい。一例を挙げると、ある問題を解決する方法として、ひとりの看護師が「アイアンインターン」という名のすっかり忘れ去られていた古いタイプのクランプを使うことを思いついて、そのチームではその道具を使うことが手術プロセスの定番になった。心理的安全性に乏しいほかのチームでは、メンバーの誰かが何らかの改善策を思いついても、それがプロセスの刷新につながることはなかった。

　心理的安全性が対人関係のリスクを恐れない自信につながり、学習態度を促し、結果としてパフォーマンスが高まる。

　ところが、チームの心理的安全性が重要であることは明らかなのに、

この考えはさほど一般的になっていない。私がアビッドにいたころ、マネジメントチームはチーム内に心理的安全性を育むことを意識していた。

アビッドで新しい職に就いてまだ数か月しかたっていなかったころ、私は最高幹部陣——たとえば当時の最高技術責任者で、今ではアップルでAR／VR分野を率いているマイク・ロックウェル——も参加する月例戦略会議に出ていた。

顧客がリクエストしている機能について私が説明すると、ロックウェルはその機能はすでに実装済みだと考えた。私は、それは誤解だと指摘したうえで、機能の実現に必要になるであろう開発作業を説明した。要するに、ロックウェルに反論したのである。すると、ロックウェルはそのような議論に応じただけでなく、最後には私のほうが正しいと認めたのだった。

このエピソードで見落としてはならない点は、私がまだ同職を担当するようになって半年しかたっていなかったという事実だ。私は技術にはある程度の知識があったものの、ソフトウェアエンジニアではない。それなのに、最高技術責任者を相手に技術的な討論をしたうえ、主張まで聞き入れてもらえたのである。これこそが心理的安全性だ。

ミスを認めるときに心の負担になる社会的・感情的リスクを減らすことが、心理的安全性の前提になる。ミスを認めずに面目を保とうとするのは人間の習性だと言える。ロックウェルも、私が正しいと認めずにいることもできただろう。しかし、私の主張の正当性を認める態度を通じて、会議に参加していたほかのリーダーたちにも、ミスをしても容認されると示したのだ。

また、直接的な議論も奨励した。おかげで私も回りくどい説明をせずとも、最高技術責任者との対立を恐れることなく問題の核心を突くこと

ができた。結果として、私たちは迅速かつ詳細に話し合い、決断を下すことができた。ロックウェルは個人を尊重し、だからこそ腹を割って話し合える文化をつくろうとしたのである。キム・スコットが「徹底的な本音」と呼んだ状態だ[注14]。

しかしながら、徹底的な本音が可能だったのは、私が「今回がロックウェルと話をする数少ない貴重な機会になる」などといった恐れを抱く必要がなかったからだ。もし、その会議が、私がロックウェルと話す唯一の機会であったのなら、私は「知ったかぶり」と思われるリスクを避けて、もっと自分を守ろうとしただろう。

だがアビッドでは、経営幹部は真の意味でのオープンドアポリシーを実践していた。私たち放送事業チームはいつもカフェテリアでランチをともにしたのだが、そこにロックウェルが加わることも多かった。そのような日頃の付き合いが、徹底的な本音と心理的安全性の根っこにあったのだ。

アビッドの経営陣は日常的に従業員と交流して心理的安全性を育んでいた。だからこそ、私は同社を離れて15年がたった今も、力を合わせて放送ビジネスを大きくしていた当時の喜びを思い出すのである。

文化に対するラディカル・プロダクト・シンキングのアプローチは、困難な問題を解消し、成功するプロダクトを開発する環境を整えることを目的とした体系的なアプローチだと言える。内発的モチベーションを最大に、その障害を最小にするアプローチである。

ラディカル・プロダクト・シンキングの文化フレームワークを用いれば、チームが経験している現状を理解し、必要な変更を加えるための実行可能な計画（戦略）を立てることができる。すべての人によりよい世界を実現するプロダクトをつくるつもりなら、明確なビジョンと戦略、

その実行に加えて、組織内のすべての人に働きやすい職場をつくらなければならない。

- ラディカル・プロダクト・シンキングでは、文化はプロダクトとみなせる。内発的モチベーションを最大に、その障害を最小にする環境をつくるメカニズムである
- 文化は日々の仕事で集める経験の総体とみなすこともできる
- ラディカル・プロダクト・シンキングの文化フレームワークを用いれば、日常のタスクを、満足をもたらすかそれとも消耗につながるか、緊急であるかないか、というふたつの次元で評価できるようになる。このフレームワークにより、4つの領域が明らかになる

  1 有意義な仕事
  満足度が高く緊急でもない仕事は、大きな目的への前進を実感させてくれる

  2 ヒロイズム
  緊急で満足度が高い仕事は単調な日々のスパイスになるが、燃え尽き症候群の原因にもなる

  3 サボテン畑
  消耗を促す緊急のタスクはどの組織にもある程度は必要だが、多すぎると苦痛を引き起こす

  4 魂の消耗
  消耗的で緊急でもない作業はゆっくりとエネルギーを奪っていく

- このフレームワークを使うことで、文化とは「有意義な仕事」を大きく、ほかの危険領域を小さくすることであると、はっきりと理解できるようになる
- すべての領域の活動を知ることが、危険な領域で時間を費やす原因に対処するためのRDCL戦略の鍵になる
- チームの多様性を高めるには、有色人種の人々は危険領域が「有意義な仕事」領域よりも大きい文化を経験している可能性が高いことを理解しなければならない

- 優れた組織文化には心理的安全性が備わっている。心理的安全性は次の要素を通じて意図的に育むことができる
  - 過ちを責めない
    過ちを犯すことを罰せず、ミスからの学習を促す
  - まっすぐ話し合う
    個人を尊重し、腹を割って話し合う
  - 密な付き合い
    対人関係のリスクを冒すことへの恐れを減らすために、交流する機会を増やす

Radical
Product Thinking

第 3 部

世界を住みたい場所に
変えるために

# 第8章
# デジタル汚染
## ——社会への巻き添え被害

## テクノロジーの進歩と世界の改善

　イテレーティブ型のプロダクトは財務指標を優先するローカルマキシマムを追求するが、その際、社会に意図しない影響を及ぼすことがある。イテレーティブ型のアプローチがあまりにも一般に広まったため、社会が「ビジネスで成功するか、それとも世界をよりよい場所にするか」という対立関係を受け入れてしまった。

　テクノロジー業界には、この対立を受け入れて夢をもてないまま働いている人が山ほどいる。グーグルとアマゾンの従業員は、企業のプロダクトや行動が社会の期待を裏切っていると抗議するためにストライキを敢行したこともあるほどだ[注1]。

　若い専門家がテクノロジー業界で有意義な仕事を見つけようとする様子を描いた回顧録『Uncanny Valley』は「ニューヨーク・タイムズ」紙のベストセラーリストに載った。「Tech for Good」などのウェブサイトは、就職しても良心を痛めることのない仕事を見つけたいと考える人々に、わずかながらの希望を振りまいている[注2]。

　これらはどれも、テクノロジーとイノベーションが世界を変えると信

じてテクノロジー業界に入った人々のあいだで不満が大きく広がっていることの証拠である。

　初めのうち、すさまじい数のプロダクトがリリースされ、数多くのスタートアップが誕生したため、テクノロジーが実際に世界をよりよくしているかのように見えた。しかし、最近の調査を通じて、テクノロジーの進歩が必ずしも世界の改善につながっていないことが明らかになった[注3]。


## プロディジーに見たプロダクトによる悪影響


　個人的に有望なイノベーションだと感じた例をひとつ紹介しよう。学校から帰ってきた7歳の息子が、学校で遊んだ「プロディジー（Prodigy）」というゲームのことを熱心に話した。先生が、クラスで算数が得意な生徒のやる気を高めるためにそのゲームを紹介したのだった。友達もみんなそのゲームを知っていた。そこで息子はそのゲームをやらせてくれと私にせがんだのである。

　あとでわかったのだが、当時10歳だった娘も算数が得意でそのゲームを紹介してもらっていた。しかし娘のほうは弟ほど夢中にはならなかったようだ。

　「プロディジー」のゲームプレイを実際に見たとき、その理由がわかった。そのゲームでは、プレーヤーが（ポケモンのような）キャラクターを操って、算数の問題に正しく答えることで敵を攻撃するのである。どう見ても、男の子をターゲットにしたゲームだった。

　男女間でゲームに求めるものが異なっていることが、研究で明らかに

されている。男子は競い合い（対決、試合）、撃ち合い、あるいは爆発などを好む傾向が強い一方で、女子のほとんどは達成感（アイテム収集や全ミッションのクリア）やゲーム世界への没入感を求めている[注4]。

この違いが「プロディジー」の好き嫌いにもはっきりと表れていた。2017年に発表された「プロディジー」のプロモーションビデオでも、ガッツポーズをする男の子はたくさん映し出されていたが、女の子はほとんどいないし、たまに女の子が映ったとしても、男の子ほど楽しそうではなかった[注5]。

そのあたりの事情を子供たちも気づいているのか興味があったので、私はそのゲームがおもに誰のためにつくられたのか尋ねてみた。「完全に男の子」と息子が答えた。

そこに娘が皮肉のこもったコメントをつけ足した。「でも大丈夫。次のバージョンは女の子向けになって、問題に正解すればディズニーのお姫様といっしょにお茶が飲めるようになるから」。7歳と10歳の子供にも、そのゲームがターゲットにした性別が理解できていたということだ。

ふたりの考えの正しさを証明するかのように、2018年に「プロディジー」のウェブサイトに、両親にメンバーシップを売ることを意図した宣伝ビデオが登場した。そのビデオでは、ひとりの少年が「プロディジー」で算数の勉強をするのが楽しいと話し、かけ算も割り算も簡単に解けるようになったと説明する。「9×9は？　81。簡単だよ！」。

続けて女の子が熱心に加入を勧める。「私もメンバーになって本当によかった。新しいヘアスタイルも、新しい服も、帽子も、靴も集められるの」。女の子のほうは、学習や算数という単語すら口にしない[注6]。

男女の分け隔てなく、すべての子供たちをターゲットにしたプロダク

トづくりは可能だ。カーンアカデミーがこのアプローチを採用している。かつてカーンアカデミーでデザイン部門の副社長を務めていたメイ=リー・コーが私に次のように語った。

「カーンアカデミーのミッションは世界クラスの教育をどこでも、誰にでも、無料で提供することです。つまり、私たちはもっと公平な世界をつくろうとしていたと言えます。私はそのような公平性というレンズを、雇用からイラストレーションまで、あらゆる仕事に浸透させようと考えました。そのためには、余分な努力が必要でした。

そこで、メンバーの採用や指導も含めて、そのビジョンをサポートする決断を確実に行うことに時間を費やしました。私はチームとともに、偏見を促さない写真の使い方など、公平な精神をすべての仕事に浸透させるためにプロセスの構築と価値観の確立に力を注ぎました。そのような努力の多くは典型的な財務指標には反映されませんが、私たちのブランド、そして私たちの仕事ぶりを見る学生や教師たちの考え方には影響するはずと考えたのです」。

カーンアカデミーの場合、ビジュアル要素は性別を特定しないように工夫されている。文章問題などで使われる名前でさえとても多様で、カーンアカデミーのコンテンツチームの努力が伝わってくる。そのような努力は〝おそらく〟財務指標には影響しないのだろう。しかし、私の娘には間違いなくポジティブな変化を生んだ。

財務指標に集中した「プロディジー」はローカルマキシマムを見つけた。男の子にはそれで効果的に算数を教えることができた（少なくとも、私の息子と友達には）。しかし、その副作用として、教室内で男女間の不平等が広がった。女の子をターゲットから外したことで、「プロディジー」はグローバルマキシマムを逃すことになった。一方のカーン

アカデミーはビジョン駆動型のアプローチを採用したことで、グローバルマキシマムを見つけたのである。

　プロダクトを開発する際、私たちはグローバルマキシマムを追うべきか、ローカルマキシマムで満足すべきか、何度も選択を迫られることになる。

　ここではひとつの例としてオンライン教育を挙げたが、私たちのプロダクトは人間関係の維持やデートの相手選び[注7]、クレジットカードをつくれるかどうか[注8]、求人広告を見るかどうか[注9]、職探しで面接試験に招待されるかどうか[注10]、裁判でどんな判決を受けるか[注11]など、人の一生のほとんどあらゆる場面に関係する。一部の人々はその恩恵を受けるだろうが、同時に巻き添え被害を食らう人もいる。

　産業時代、化石燃料とその副産物が人々の健康を害し、気候変動の原因になったことは、誰もが知っている。デジタル時代になり、自制心のないテクノロジー業界の成長によって引き起こされた新たな汚染が社会に意図せぬ、しかし甚大な影響を与えている。

　近年問題になりつつある、私たちのプロダクトが引き起こす巻き添え被害を、私は**デジタル汚染**と名づけた。しかし、ほかの汚染と同じで、一般の人々がデジタル汚染の存在に気づくまで多くの時間がかかるだろう。

　強い責任感をもってビジネスを行い、プロダクトを開発するためにも、私たちはデジタル汚染の影響を認識および理解できなければならない。デジタル汚染は次の5つのカテゴリーに大別することができる。

## 不平等の拡大

　社会に存在する偏見を反映したり増強したりする形で、もとからあった偏見をプロダクトにも持ち込み、不平等を促進する。これはとても一般的な汚染の形だと言える。「プロディジー」もSTEM（科学・技術・工学・数学部門）における男女間の格差を拡大させるデジタル汚染の一例だ。

　各種プロダクトに人工知能（AI）が浸透するにつれ、不平等の拡大が社会にとって脅威になりつつある。倫理的AI研究の第一人者であるティムニット・ゲブルは、2020年にそれまで所属していたグーグルから追放された。ある論文で、同社の検索エンジンの基礎をなす言語モデルに含まれる欠陥を指摘したからだ。

　システムが、ウィキペディアの項目、オンライン書籍、オンライン記事など、偏見や不適切な言葉を含む多くのオンラインソースから大量のテキストを抽出していたのである。ゲブルは、そのような言語を標準化することを学んだシステムはそうした言葉を広めつづけるだろうと指摘した[注12]。

　そして、もっと慎重にAIを訓練すべきだと主張し、この種のデジタル汚染を予防するためにAIにビジョン駆動型のアプローチを用いる必要があると説いたのだった。

　プロダクトに含まれる偏見だけでなく、事業のあり方そのものも不平等を拡げる要素になる。デジタル経済が富の不平等を促し、その格差は大恐慌以来のレベルに達している[注13]。

　これまで数十年をかけて進められてきた組合の解体とアウトソーシン

グにより、企業ではなく個人労働者が景気後退のリスクを負うようになった。終身雇用と潤沢な年金の時代は終わりを迎え、健康保険にすら加入できないギグワーカーの経済に道を譲った。企業は自分の都合に合わせて労働者を雇用する。不景気や需要減退のリスクを負担するのは労働者だ[注14]。

経済学者たちは、労働法による規制を弱めることでハイテク産業の成長に拍車がかかり、その結果として労働者たちの賃金も増えると考えてきたが、その考えは正しくなかった可能性に気づきはじめた[注15]。

数多くの研究を通じて、生産性を高めるためにテクノロジーを利用する業界では軒並み雇用数が減っていることが明らかになっている[注16]。基本的に、自動化により労働者は低賃金の仕事に追いやられてしまうようだ。

それと並行して、記録的な規模で株の買い戻しが行われてきた。その恩恵を受けたのは株主と企業幹部だけだ[注17]。不平等が拡大すると、人々は多数派支配をうたう民主主義に幻滅する[注18]。不平等を促すプロダクトはデジタル汚染を引き起こし、社会の不和と分断の原因になる[注19]。

## 関心の強奪

1997年、理論物理学者のマイケル・ゴールドハーバーがエッセイを執筆し、「アテンション・エコノミー（関心経済）」という言葉を用いた。企業やインフルエンサーなどが人々の〝関心・注意〟という有限の資源に狙いを定めた経済のことだ[注20]。

メールが、アラームが、通知が、関心を少しずつハイジャックして、あなたを緊張させ、何かを見落とす不安に陥れる。関心のハイジャックが繰り返されると、ふたつの悪影響が生じる。

　まず、緊張状態を維持するために、人体はアドレナリンとコルチゾールを放出する。どちらもストレスのホルモンと呼ばれていて、いくつかの研究を通じて、スマートフォンの使用とストレスレベルの高さには相関関係があることが確認されている[注21]。

　このホルモン放出は短期的にストレスに対処するには有益な仕組みなのだが、長期間にわたってストレスホルモンが体内を循環すると、身体的にも精神的にも悪影響を及ぼす。脳に炎症を引き起こし、うつ病の原因になるのだ[注22]。

　次に、注意が散漫になることで情報の深い意味を分析して解釈する能力が劣化する。研究によると、インターネットを多く使う者は情報処理が浅くなるそうだ。要するに、広く情報を集めるが、深さがないのである[注23]。しかし、物事の深みに達することができなければ、表面的な事象にとらわれ、繊細なニュアンスを理解し損なう。

　社会はニュアンスの上に成り立っている。ところが、関心と同じで、ニュアンスも希薄になりつつある。社会にニュアンスが欠かせない理由を理解するために、1990年代初頭の南アフリカにおけるアパルトヘイト体制から民主主義への変遷を見てみよう。

　当時、両極端な陣営があった。自らの権利と財産を守るために人々に武器をもって抵抗するよう呼びかけた白人至上主義者の一派と、アパルトヘイトの残虐さに報復したいと願っていた黒人リーダーが率いる一派だ。一触即発の状況だったが、そこにネルソン・マンデラとF・W・デクラークが現れて、国民にビジョンを示したのである。

マンデラとデクラークは真実和解委員会を立ち上げ、残虐行為を認め、補償を開始した。ニュアンスに配慮された繊細で前向きなメッセージが国民の心に響き、南アフリカは平和に民主化を果たしたのである。

　それとは対照的に、9・11同時多発テロ事件後にイラクへの攻撃を主張したとき、当時のアメリカ大統領ジョージ・W・ブッシュは「私はニュアンスにはこだわらない」と発言した。そして、サダム・フセインは危険な男であり、核兵器をもっている、というわかりやすい主張を繰り返した。

　社会が機能するには、人々の心の帯域が幅広くなければならないし、わかりやすい言葉だけでなくニュアンスを吸収できるほどの注意力も欠かせない。ユーザーの関心を強奪するようにデザインされているプロダクトはデジタル汚染を引き起こし、私たちの情報吸収力を低下させる。


## イデオロギーの二極化


　不平等が広がり、関心が搾取されると、イデオロギーの二極化の土壌が整う。偏った内容のケーブルニュース、政党構成の変化、人種間の分断など、政治的な二極化を引き起こす理由はさまざまあるが、デジタルプロダクトも二極化の原因になる。

　関心が有限の資源であるため、ユーザーエンゲージメントを高める手法として、ユーザーに他人からの「フォロー」や「いいね」や「お気に入り」を得る欲求を刺激する方法がよく用いられる。しかし、そのような欲求により、人々は極端に偏った投稿を行ったり、道徳的な怒りを表

現したりするようになる[注24]。

　アルゴリズムも二極化に貢献している。たとえば、YouTubeは2012年にビデオの推薦と自動再生機能のアルゴリズムを追加した。これがじつにうまく機能し、サイトでユーザーが過ごす時間の70パーセントがこのアルゴリズムによるものだと言われている[注25]。

　しかし、自動再生されるビデオには陰謀論や過激な言説が多く含まれている[注26]。そのため、YouTubeで推薦されるビデオを続けて観る者は過激な見解へと導かれていく。たとえば、栄養に関するビデオを観ていたら、数本後には極端なダイエットを勧めるビデオを眺めていた、といった感じだ。これは「ラビットホール効果」と呼ばれている[注27]。

　このアルゴリズムの開発に携わったギヨーム・シャスローがブログで過激化の効果を説明している。同アルゴリズムは悪循環を引き起こす。

　たとえば、ただの好奇心から地球平面説のビデオを観た人が、そのビデオがよくできていたので推薦する。それが積み重なってたくさんの推薦が集まり、数百万の視聴回数が記録される。視聴回数と視聴者数が増えるにつれ、それだけ多くの人が観たのだからそのビデオは真実を伝えているに違いないと信じる人が増えていく。

　そのような人々は、地球が平面であるという〝重要な〟情報を伝えない主要メディアに不信感を抱きはじめる。そして結果として、YouTube上で過ごす時間がさらに増え、もっと多くの陰謀論のビデオを眺めるのである。

　そのようにして、賢いAIのアルゴリズムがほかのメディアの信用を下げ、YouTubeへのエンゲージメントを高めるのだ[注28]。

　YouTubeの推薦ビデオを分析したシャスローは、何度となく「メディアは嘘をついている」という主張に遭遇した。2016年の大統領選挙で

は、YouTubeが主要メディアを最も厳しく攻撃する候補者を推薦する可能性は、そうでない候補者よりも4倍高かった。同じように、2017年のフランスの選挙でも、メディアに対して最も悲観的な3人の候補者を推薦した[注29]。

イデオロギーを二極化させるプロダクトはデジタル汚染の原因になり、社会の分断や不信感の増大を引き起こす。


## プライバシーの侵害


データストレージのコストが下がりつづけ、ビジネスにおける個人データの価値が明らかになった昨今、プロダクトを開発するときにユーザーデータの集積に力を入れたくなるのは当然だろう。特定の種類のユーザーデータが必要かどうか決めかねているとき、とりあえずはデータを集めておけばいいと考えるのが賢い選択に感じられる。のちにそのデータが必要になるかもしれないのだから。

たとえば、フェイスブック（現Meta）がワッツアップ（WhatsApp）をどうしても手に入れたかった大きな理由は、ワッツアップが、誰が誰に電話をしたという、フェイスブック自身はプラットフォームで集められなかった人間関係のデータを蓄えていたことにある[注30]。

よりよいプロダクトをつくったり、ユーザーを知り、ユーザーに合ったオファーをしたりするとき、個人データがあれば好都合だ。その一方で、個人データは人々の決断に影響を与えたり、行動を操作したり、評判を左右したりすることにも利用できる。

プロダクトをつくる側の私たちのほとんども消費者であり、極めて頻繁に無料のプロダクトと引き換えに個人データを差し出すことを求められる。人々の多くはあたかもそれが当たり前のことのように個人データを差し出し、その行為を「私に隠すことなど何もない」と言って正当化する。そのような消費者の考えをプロダクトづくりに反映させ、データを集めないよりは集めるほうがまし、と考えるのは自然なことなのかもしれない。

　しかし、このアプローチが社会に意図せぬ被害を及ぼす。プロダクトのデータはそれほど大きな問題にはならないかもしれない。しかし、もし政府機関が個人データを利用して人権活動家やジャーナリストの信用を落としたり、脅迫したりすることで、彼・彼女らの求める変化を阻止するとしたらどうだろうか？　プライバシーの侵害で社会も害されるのである。

　プライバシーとは一部の人々だけの問題ではない。ごく少数の個人のデータだけを悪用されないように守ることはできないのだ。プライバシーとは、全員にとって〝ある〟か〝ない〟かの問題。データが重視される数人だけにプライバシーの保護を訴える権利があるわけではない。すべての人の個人データを保護することを当たり前と考えるほどプライバシーを重視しなければ、社会は悪い方向へ進んでいくだろう。

　そう考えた場合、プライバシーとは権利であるだけではなく、責任の問題でもあると言える。必要とされているのは、プライバシーの侵害というデジタル汚染を予防する形でデータを集めて保存するビジョン駆動型のアプローチなのである。

## 情報エコシステムの侵害

　1990年代から2000年代初頭にかけて、まだ普及しはじめたばかりのインターネットは全世界における情報の民主化を約束した。情報を求める者は誰でも指先だけで手に入れることができる、と。

　しかし、それからのおよそ20年で、ソーシャルメディアと各種プラットフォームが情報の共有や分配のしかたを根本から変えてしまったため、私たちは偽りの情報が真実を混乱に導く様子を目の当たりにすることになった。

　先日、タクシーに乗ったとき、運転手のヴィンセントと政治について話した。ヴィンセントはさまざまな政治家について書かれた記事を読んだのだが、話の途中で何度も「そう書いてあっただけで、本当かどうかはわからない」と繰り返すのだ。

　ヴィンセントの次の冷静なひとことが、私たちの情報エコシステムが侵害され、偽情報が恐ろしい速さで広まっている事実を示している。「数年前まで、私は新聞を読めば事実を知ることができると考えていました。でも今は、どんな情報だって手に入るのに、何が真実なのかわからないのです」。

　デジタル時代において最も主流で、最も広く用いられてきたプロダクトのいくつかが、私たちが知識や事実を得るのを阻んでいる。たとえば、私たちは会話で生じる疑問に答えを見つけるために、何気なく〝ググる〟ようになった。確かにグーグルは強力な検索エンジンであり、指先だけで情報をもたらしてくれるのではあるが、そのビジネスモデルとして、最も多くの広告費を支払う者を〝真実〟とみなす仕組みを用いている。

　　　　　　第8章　デジタル汚染 ──社会への巻き添え被害

ウェブトラフィックのおよそ95パーセントが検索結果の1ページ目にリストアップされた項目で構成されていて、2ページ目以降に目を通す人はほとんどいない。つまり、検索エンジンの最適化（SEO）と検索結果の掲載に多くを支払うことができる者が掲示するコンテンツが、関連トピックを検索する人々のほとんどから真実とみなされるのである[注31]。

　真実を操作することは古代の昔から可能だった。たとえばローマの皇帝たちは自らの統治を正当化するために、自分たちの聖なる出自について神話を書かせた。ただし、かつては真実の創造には多大なリソースが必要だったのだが、現在はそのハードルがかなり低くなったと言える。

　デジタルのない昔はよかった、などと言いたいわけではない。しかし、テクノロジーも、ユビキタスな情報も、どちらも万能薬ではないのである。情報の拡散にも、実現したい世界に向けたビジョン駆動型のアプローチが必要なのだ。情報エコシステムを侵害するプロダクトは、情報が豊富であればあるほど、知識を得るのが難しくなるというパラドックスを引き起こす。


## 操作されやすくなった人々


　最近では、これらさまざまなデジタル汚染の複合的な作用が明らかになりつつある。不平等が広がり、二極化が進み、関心が奪われ、プライバシーと情報エコシステムが侵害されたことで、全体として人々が操作されやすくなった。

　2014年、フェイスブックは100万人以上のユーザーを対象とした実験を

行い、ニュースフィードのコンテンツを選別することで、個人にポジティ
ブな感情やネガティブな感情を抱かせることができると証明した[注32]。

　人心操作にフェイスブックを利用できることはすでに2010年ごろに
は知られていたが、2018年にケンブリッジ・アナリティカ（Cambridge
Analytica）がフェイスブックを使って大統領選を操作していた事実が明
るみに出たことで、一般の人々も広く知るようになった[注33]。

　これらの汚染が複合的に作用することで、民主社会の安定をぐらつか
せる。私たちのほとんどは、自分たちのイノベーションを通じて世界を
よりよい場所にできると信じて就職したはずだ。そのようなポジティブ
な意図があったからこそ、自分の働く企業が社会に強いてきた犠牲につ
いて考えるのに抵抗を感じてしまう。

　だが、思い出してみよう。環境問題でも、企業が自らの環境インパク
トについて考えを巡らして対抗策を練るよりも先に、私たちのほうが環
境汚染に気づき、それらを提議しなければならなかったではないか。同
じように、デジタル汚染でも私たちがそれらの存在に気づき、つくるプ
ロダクトに責任を負わなければならない。

　あるプロダクトをつくる決断を下すとき、通常そこには一切の悪意も
含まれていないがゆえに、そのプロダクトがデジタル汚染を引き起こし
ているという事実を受け入れるのは難しい。意図したわけではないの
に、どうしてデジタル汚染が起こってしまうのだろうか？

　イテレーティブ型のアプローチをとるとき、私たちは一部のチェスの
駒の配置を整えることでローカルマキシマムを得ようとする。そして、
チェス盤全体にとって最適な動きを、つまりユーザーにも社会全体にも
有益なグローバルマキシマムを見落としてしまう。

　イテレーティブ型アプローチでは、市場でさまざまな機能のテストを

繰り返し、顧客がどれに反応するかを確かめる。顧客の好みを評価するために、私たちは収益を中心にした財務指標やオンサイト滞在時間などに注目する。その結果、ユーザーや社会の幸福を無視して、財務指標ばかりを向上させてしまう。

このアプローチには、利益を最大にするためならほかのすべては破壊してもいいという考え方が伴う。「破壊するか、破壊されるか！」だ。しかし、明確な目的のない破壊、あるいは「現状の混乱」[注34]は多くの場合で社会に巻き添え被害を引き起こす。


## 利益とビジョンの狭間


社会に悪影響をもたらす破壊の例として、アメリカにおけるニュースとジャーナリズムのビジネスモデルに対する長期的な攻撃を挙げることができる。経済協力開発機構の加盟9カ国における過去40年の二極化の調査を通じて、アメリカで最も二極化が進んでいることが明らかになった。

その理由のひとつがケーブルニュースの誕生だった。ケーブルニュースの広告ベースの収益モデルが視聴者人気を重視する態度につながり、その結果として両極端なコンテンツが増えていったのである[注35]。実際に、過去40年で政治的な二極化が減った国では、アメリカよりも多くの公的資金が公共の放送局に投じられていた。このメディアと放送業界の混乱は、利益のためなら何でも破壊していいという考えは間違っていることを示している。

利益を求めてプロダクトをつくる一方で、社会への影響を無視しては

ならない。とは言え、利益を追うことも大切だ。図11は利益と目的の交差する様子を示している。

　はっきりとした目的意識のないまま利益だけを高めようとする企業はデジタル汚染を引き起こす。逆に、明確な意識があるのに利益を無視する組織がやっているのは慈善活動だ。慈善活動は重要ではあるが、よりよい世界をつくるという負担を一身に担うことはできない。ビジネスの世界のほうが慈善団体よりもはるかに多くの人々の生活に直結しているのだから。持続的な成長を遂げるために、社会はビジョンを掲げて利益を追求する企業を必要としているのである。

　コロナパンデミックの到来により、社会のどの部分が壊れているのかが明らかになった。イテレーティブでは、それらを修復することはできない。未来は、すべてのプロダクトにビジョン駆動型アプローチを必要としている。

　たとえばアメリカの医療制度は、保険料金を支払える人だけに優れた医療を提供するというモデルの上に成り立っていた。パンデミックが起こる以前ですら、このモデルはアメリカにとって悩みの種だった。アメリカ人の25パーセントが、費用の高騰を理由に重大な疾患の治療を先送りにしていた[注36]。そのような事情で寿命にも明らかな貧富の差が表れ、最も裕福なアメリカ人の寿命は最も貧しい人々の寿命よりも10年から15年も長いのである[注37]。

　現状の医療モデルは経済格差の拡大も促している。1億3700万人以上のアメリカ国民が医療費を経済的な逼迫の理由に挙げていて、個人破産にいたる最大の理由も医療負債だ[注38]。医療費が支払える家族と違って、医療負債を抱える家族の子供たちは教育の機会にも恵まれない。

　アメリカにおける現状の医療モデルは、意図せぬ形で不平等の永続化

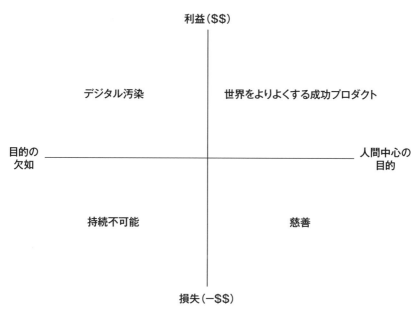

利益($$)

デジタル汚染　　　　　　　世界をよりよくする成功プロダクト

目的の　　　　　　　　　　　　　　　　　　　　人間中心の
欠如　　　　　　　　　　　　　　　　　　　　　　目的

持続不可能　　　　　　　　　　　慈善

損失(−$$)

**図11　収益性と目的の関係**

に貢献していると言えるだろう。本章を読んだあなたは、この問題を
「デジタル汚染」の例とみなすに違いない。

　現在の医療システムは、自由市場に依存する民営制度は効率が高く社
会に適しているに違いないという発想から生まれた。だがその根本で
は、医療というものに対する明確なビジョンが欠けていて、社会を最終
的にどんな形にするかという考えも曖昧だった。そのため制度自体がイ
テレーティブなアプローチの犠牲になり、関連する企業もローカルマキ
シマムを見つけ、短期利益を最大化してきた。

　一方、医療に対してビジョン駆動型のアプローチを選ぶなら、たとえ
ば健康を人権とみなす包括的なビジョンが先行すると想像できる。その
ような医療制度における〝プロダクト〟は、そのビジョンを実現する目

的でデザインされることになる。

　2020年代は、これまでとは違うプロダクト開発が求められる新しい時代の幕開けだと言える。ラディカル・プロダクト・シンキングこそがこの時代にふさわしい新しいマインドセットであり、それを身につけることで、私たちはビジョン駆動型プロダクトをつくりながら、世界に望んだ変化をもたらすことができるのである。

- 無秩序な産業成長が環境汚染を引き起こしたのと同じで、無規制なテクノロジー業界の成長が社会に巻き添え被害としてデジタル汚染を引き起こした
- ごくわずかな数のテック巨人たちがデジタル汚染を引き起こしていると考えられがちだが、実際には、意図せぬ悪影響やデジタル汚染が蔓延している
- デジタル汚染は5つの側面で社会を揺るがす
  - 不平等の拡大
  - 関心の強奪
  - イデオロギーの二極化
  - プライバシーの侵害
  - 情報エコシステムの侵害
- 社会を幸福にする責任を慈善団体だけに押しつけてはならない。企業も数多くの人々の生活に影響する
- デジタル汚染を引き起こさないビジョン駆動型プロダクトをつくることは可能である。変化を生み出すメカニズムは、すべてがプロダクトになりえる

# 第9章

# 倫理

## ──ヒポクラテスの誓いとプロダクト

　2017年の夏、家族とポルトガル旅行をしていたとき、私はバターリャという小さな町に立ち寄った。1400年代初頭に建てられたドミニコ会系のバターリャ修道院がとても美しい。特に、中央に支柱のない19平方メートルもの星形のアーチ天井の部屋は、建築面で奇跡の作品だと言える。

　デビッド・ヒュゲットという建築家が前例のない設計を行い、実際の建築はあまりに危険だったので死刑囚が作業にかり出された。2度の失敗の末に天井が完成したとき、安全を証明するためにヒュゲット自身が2日にわたりその部屋で夜を明かした。

　その建築が危険なものであることを誰もが知っていたので、ヒュゲットは自らの命を危険にさらしてでも自分の作品に責任を負わなければならなかったのだ。

　一方、現在まで、テクノロジーの世界でプロダクトをつくることの影響は明らかではなかった。そのため、私たちはフェイスブックの初期のモットー「Move fast Break things.（素早く動き、破壊せよ）」に代表

される冷淡なアプローチを採用してきた。フェイスブックは既存の、つまり非革新的なテクノロジーの上に成り立っている。その基礎となるテクノロジーそのものは危険ではない。

しかし、フェイスブックが生み出した影響力の大きさは民主主義を変えるほどの力を秘めていた。フェイスブックよりも新しい近年のプラットフォームにいたっては、さらに迅速に影響力を増している。

たとえば、5000万人のユーザーを獲得するのにフェイスブックは2年を必要としたが、後発のインスタグラムは2016年に19カ月で同じ数字を達成した。TikTok（2016年に誕生）にいたっては、わずか2年で5億のユーザー数を記録した。最近50年のテクノロジーはそれ以前の50年に比べてはるかに迅速に、そして多くの人々の手に届いている[注1]。

## 1919 年から 1969 年までのアメリカにおける技術の普及率
特定の製品を所有する米国世帯の割合としての技術普及率

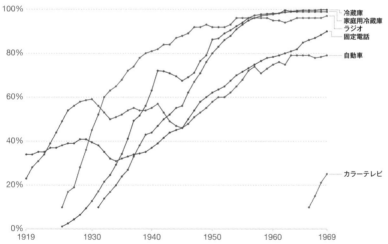

図12a　**1919年から1969年までの50年における技術普及率の推移**

図12aは1919年から1969年の、図12bは1969年から2019年までの50年にわたるテクノロジーの普及率を示している。テクノロジーの普及率が上昇すればするほど、企業も影響力を増すことになる。

## ヒポクラテスの誓いとは何か？

　19世紀後半まで、ほとんどの事業はひとつのオフィスあるいはひとつの工場からひとつの場所に対して行われていた。そのため、影響力も限定されていた。それが今では、かつてないスピードで何百万もの人々に

### 1969年から2019年までのアメリカにおける技術の普及率
特定の製品を所有する米国世帯の割合としての技術普及率

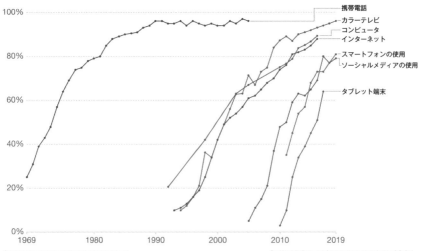

Source: Comin and Hobijn (2004) and others　　　OurWorldInData.org/technology-adoption/・CC BY
Note: See the sources tab for definitions of household adoption, or adoption rates, by technology type.

**図12b　1969年から2019年までの50年における技術普及率の推移**

プロダクトを届けることができる。

　今の世の中、私たちはテクノロジーやプロダクトをかつてないほど洗練された方法で何百万もの人々に届け、生活に影響を及ぼすことができるのである。

　ところが星形アーチ天井を設計したヒュゲットとは違って、私たちは自分がつくるプロダクトの影響力を完全には理解していない。そのため、設計者につくったプロダクトに対する責任を負わせることもない。私たちは、変化を生み出す体系的なアプローチを用いなければ世界を意図しない方向に変えてしまうと、ようやく気づき始めたばかりのところなのだ。

　イノベーションを起こすとき、私たちは問題を特定し、その問題を解決するためのプロダクトを考案する。医者と同じだ。医者も患者の苦しみの原因を診断してから、それを取り除く治療をする。

　しかし想像してみよう。あなたを診察した医者がこう言うのである。「あなたは病気なのでこの薬を飲んでください。ひどい副作用が出ますが、それは私の責任ではありません」。誰もがそんな医者は嫌だと思うだろう。患者の状態に責任をもたない医者の治療は受けたくないはずだ。

　そんなのは当たり前だ、と思うかもしれないが、必ずしもそうではない。ヒポクラテスの誓いが最初に行われたのは紀元前400年ごろだったが、それが医療の世界にもたらされたのは1700年代に入ってからだった。医療にまつわる倫理的な問題、副作用の存在、治療に伴う意図しない影響などの認識が進むのにそれだけの時間がかかったのだろう。

　プロダクトをつくる私たちも、医者と同じようにヒポクラテスの誓いをする必要がある。私たちは社会として、単純な意思決定でさえも倫理的

な問題とは切っても切り離せない関係にあることを理解し始めところだ。

　かつては、兵器やデザイナーベビーなど、人類に明らかな影響を及ぼす新技術が登場したときに倫理問題が社会意識のなかに浮かび上がったものである。しかし今では、技術的には特に革新的ではない場合でも、ビジネスモデルや機能決定などにさえ倫理問題を認識するようになった。

　例としてオーケーキューピッド（OkCupid）を見てみよう。基本的に善良な出会い系サイトだ。しかしその善良なオーケーキューピッドでさえ、黒人女性に送られるメッセージが不釣り合いなほどに少ないことが明らかになった[注2]。

　出会い系サイトのほとんどは協調フィルタリングという仕組みを使って登録者が気に入るであろう相手を紹介する（ネットフリックスが映画を推薦する仕組みとよく似ている）。しかしこのやり方が人々の偏見を助長する事実が証明された。特定のプロフィールにユーザーの多くが関心を示さないとき、アルゴリズムはそのプロフィールを誰にも推薦しなくなるのだ。

　プロダクトを最大限に利用してビジネス目標を達成するために行う決断の多くが、私たちの気づかないうちに顧客の幸福を損なっているのである。

　そのようなトレードオフがビジネスの世界には蔓延しているのに、私たちは収益や顧客生涯価値などといった主要な財務指標を使ってプロダクトの成否を測っている。それがユーザーの幸福よりも収益性を優先する態度につながり、社会の巻き添え被害を当然のこととして受け入れているのである。

# ゴミのポイ捨てに似るデジタル汚染

デジタル汚染を無視して収益を優先する態度はゴミのポイ捨てに似ている。研究者が調べたところ、ゴミの散らかった駐車場では次に来る人もゴミをポイ捨てする確率が高くなるそうだ。みんなやっているのだから、と考えるのだ。

人物のデジタルレプリカの創造に取り組んでいる起業家と話したときも、まさにこのポイ捨て問題を思い起こさせる言葉が出た。その起業家が開発していたプロダクトは、AIを使って人々のオンライン上の存在をスキャンして、本人そっくりの外観や声のアバターをつくる。亡くなった人でさえ再現できると、とても自慢げだった。

そのようなものをつくることにおける倫理的な問題について考えたことがあるのかと尋ねたところ、次の言葉が返ってきたのである。「私がつくらなくても、どうせほかの誰かがつくりますよ」。

ポイ捨ての容認をヒロイズムにまで昇華した言葉を聞いたこともある。「少なくともそれをつくることで、私たちがそれをコントロールして、正しい行いをすることができる。正義のヒーローになれる」。ワッツアップを立ち上げたジャン・コウムはプライバシーを守るイメージを広めようとしているが、同社は各ユーザーがいつ誰と話したかなど、大量のメタデータを記録している[注3]。そのようなメタデータにはかなりの価値が認められている。

たとえば、内部告発者があるジャーナリストの電話番号に電話したことを示すメタデータは、たとえ会話の内容が暗号化されていても、とても大きな意味をもつ。創業者たちは、自分たちにはメタデータを集めて

もそれらを守る能力があると思い込んでいた[注4]。自分たちのことを正義の味方とみなしていた。それなのに、最後にはフェイスブックに自社を売ったのである。

リーダーの多くは「私がつくるか、ほかの人がつくるかは関係ない。この技術はそのうち必ず誕生する。だから、それを正しく使うのはユーザーの責任だ」と言って、ユーザーに責任を転嫁しようとする。アマゾンは顔認識プラットフォームのリコグニション（Rekognition）を米国移民税関捜査局（ICE）に売り込み、ジョージ・フロイドの死後にブラック・ライブズ・マター運動が起きたときも、警察によるリコグニションの使用を1年禁止しただけだった。

2019年にBBCが行ったインタビューで、アマゾンの最高技術責任者であるワーナー・ヴォゲルスがリコグニションの運用の正しさあるいは倫理性にアマゾンは責任を負わないと発言している。「この技術は多くの場所で正しく利用されています。どの技術をどの条件で使うかを実際に決めるのは社会の役割です」[注5]。

もっと極端な形でユーザーに責任を押しつける企業もある。たとえば、サックラー一族が所有していたパーデュー・ファーマという製薬会社が1996年にオピオイド系鎮痛剤のオキシコンチン（OxyContin）を発売した。2015年、一族の純資産価値は130億ドルと見積もられた。

オキシコンチンをどんどん宣伝して処方販売を増やすために、同社の代表者たちは医療従事者に対して、「信頼できる」患者たちはオピオイド依存症に陥ることはないと訴えた。高容量の処方を増やすために、「疑似依存」をテーマにした文献をでっち上げ、もし患者が依存症状を見せたとしても、それは鎮痛作用が足りていない証拠であり、用量をさらに増やす必要があると主張した。しかし、疑似依存という主張に科学

的根拠は見つからなかった。

　2000年代初頭にオピオイドに依存性がある事実が明らかになったとき、パーデュー・ファーマの当時の社長であったリチャード・サックラーが営業担当者に、依存症になった患者にその責任を押しつけるように命じた。マサチューセッツ州裁判所に提出された資料によると、サックラーは2001年の電子メールにこう書いている。

　「あらゆる手を使って乱用者を責め立てること。彼らこそが犯人であり、問題の根源なのだ。彼らは無謀な犯罪者だ」[注6]。パーデュー・ファーマは患者に責任を押しつけることで、市場にオピオイドをばらまく行為を正当化したのである。

　以上の例から「もし自分がやらなくても、ほかの誰かが」という考え方は、社会を犠牲にして個人の利益を最大化しようとする態度であることが明らかだろう。その過程を通じて、不平等や二極化が進み、誤った情報が広がり、社会が不安定になっていく。そして長期的にはすべての人に好ましくない結果をもたらすのである。

## 囚人のジレンマ

　プロダクトを開発し、企業を成長させるときに、個人の利益を最大にするか、それとも集団の利益を追い求めるかという問題は「囚人のジレンマ」と呼ばれるゲーム理論（図13）に似ている。

　囚人のジレンマとは経済学とビジネス戦略で一般的に用いられるモデルで、自己利益と相互利益のどちらかを選択した場合におけるインセン

囚人A

| | Aの黙秘<br>（協調＝K） | Aの自白<br>（裏切り＝U） |
|---|---|---|
| **Bの黙秘**<br>**（協調＝K）** | **KK:AとB**<br>**の協調**<br><br>両者1年の懲役 | **UK:Bの協調、**<br>**Aの裏切り**<br><br>Bは5年の懲役、<br>Aは釈放 |
| **Bの自白**<br>**（裏切り＝U）** | **KU:Aの協調、**<br>**Bの裏切り**<br><br>Aは5年の懲役、<br>Bは釈放 | **UU:AとBの裏切り**<br><br>両者3年の懲役 |

囚人B

**図13　囚人のジレンマの相関図**

ティブや結果を示す。共犯で強盗を働いたふたりの犯罪者がいて、両者
とも別の小さな罪で捕まって別々の部屋に拘束されていると想像してみ
よう。

　もしふたりが協力して沈黙を続ければ（図中のKK領域）、両者とも小
さな罪にもとづいて1年の懲役になる。しかし、ふたりには相手を裏切
る強い動機がある。それぞれ、もし自分の罪を認めたうえで相手の犯罪
について証言すれば、その囚人は恩赦を受ける一方で、相手には厳しい
5年の刑が申し渡される、と言われているのである。

　どちらともが裏切れば（UU領域）誰も恩赦を受けず、ふたりとも3年
の懲役判決を受ける。集団の利益を最大にするには、AもBも黙秘する
必要がある。

ビジネスリーダーA

| | 集団利益<br>（責任ある収益） | 個人利益<br>（犠牲を伴う収益） |
|---|---|---|
| **集団利益**<br><br>ビジネス<br>リーダーB | **持続可能な成長**<br><br>ユーザーの幸福と<br>社会の集団利益を<br>最大化 | **デジタル汚染**<br><br>Aはあらゆる犠牲を払ってでも<br>個人利益を追求し、<br>Bは社会的責任を果たしながらの<br>収益を目指す |
| **個人利益** | **デジタル汚染**<br><br>Bはあらゆる犠牲を払ってでも<br>個人利益を追求し、<br>Aは社会的責任を果たしながらの<br>収益を目指す | **無秩序なデジタル汚染**<br><br>短期的に<br>個人利益を最大化し、<br>社会に害を及ぼす |

図14　**プロダクト開発における囚人のジレンマの相関図**

　しかし、大半のケースで個人の利益を高めるために相手を裏切る道が選ばれる。そのため、最も可能性の高い最終状態（いわゆるナッシュ均衡）は両者ともに長く服役するという結果（UU）になる。

　プロダクト開発におけるペイオフのマトリックス（図14）も囚人のジレンマの図に酷似している。誰もが自分の利益の最大化とローカルマキシマムの発見（「無秩序なデジタル汚染」の領域）を目指すこともできるし、プロダクト開発に伴う責任を受け入れ、グローバルマキシマムを見つけることで社会全体の利益を最大にすることも可能だ（「持続可能な成長」の領域）。

　民主主義では、個人の利益を最大にすることがおもな戦略となる。株

主資本主義という思想がそれを要求するのだ。1970年の非常に影響力のあるエッセイで、ミルトン・フリードマンがビジネスの負う唯一の責任は利益の最大化だと宣言した。フリードマンにとっては、この責任を放棄して社会への影響について考えるのが社会主義だったのである[注7]。

　この考え方がポピュラーになり、1981年にゼネラル・エレクトリックのCEOになったジャック・ウェルチが企業の最大の責任は株主の利益であるとスピーチし、株主最優先モデルを広めた[注8]。その結果、今の私たちはビジネスにおける、社会全体に有益になる善行と、どこよりもうまく収益を最大化することを対立する2項目とみなすようになったのである。

　もし誰もが、ほかの人も同じことをやっていると考えながら利益だけを追い求め、その行動を「自分がやらなくても、ほかの誰かがやる」と言って正当化しようとするのなら、私たちは「無秩序なデジタル汚染」領域でナッシュ均衡に向かってまっしぐらに突き進んでいることになる。この領域では、個人の利益を最大にすることができるが、長期的に見た場合、社会全体には有益ではない。

　自由市場のイデオロギーでは「顧客は幸福と引き換えに現金で投票する」という考え方がまるで万能薬であるかのように重宝されている。市場は効率的であり、自ら問題を解決すると考えられているからだ。

　しかし不幸なことに、自由市場という考え方は、すべての情報が透明であり、ユーザーはそれらをもとに決断を下すことができるという重大な仮定を前提にしている。ところが、この大前提は誤りであることが証明されている。

　たとえば先に挙げた出会い系サイトの例の場合、黒人女性自身には、問題がプラットフォームにあるのか、それとも自分自身にあるのか、明

らかではない。自分が不釣り合いなほどに少ないメッセージを受け取っているという事実そのものに気づかないこともあるだろう。その場合は、いい出会いに恵まれなかったとがっかりするしかない。

　検索結果の場合、人々は1ページ目に掲載される検索結果を真実とみなし、信じやすくなる。それらは複数のソースによって裏づけられているように見えるのだ。パーデュー・ファーマの場合、患者たちは医者が適切な薬を適切な量で処方していると信じる。医者が用量を増やしても、患者はそれが必要なのだと考えてしまう。

## ナッシュ均衡の引力を逃れる方法

　社会の幸福を犠牲にして短期利益を追求するのを、言い換えれば、非最適領域に迷い込むのを避けるには、どうすればいいのだろうか？　どうすればビジネスリーダーたちに責任の伴う収益性という考えを受け入れさせることができるだろうか？

　この問いに答えを見つけるのに、シンガポールの規制当局は多くの時間を費やしてきた。私のインタビューに応じて、シンガポールの規制機関であり中央銀行でもある金融管理局のディレクターを務めるラヴィ・メノンが「規制は重要だが、規制だけですべてが解決するわけではない。私たちにもすべてを監視してすべてを発見することはできないのだから」と語っている。メノンは正しい行動を促すことを目的に、3項目からなるフレームワークを考案した。

1 規制／影響

　　どの社会も、人（または組織）が害をなすときには、その影響を
　　明確にし、法規を制定することで悪行を抑止する必要がある。つ
　　まり規制を行う。

2 インセンティブ

　　正しい行いをする経済的な根拠としてインセンティブを設定す
　　る。インセンティブがあって初めて、正しい行いが自らの利益に
　　つながる。罰則よりもインセンティブのほうが人のやる気を高め
　　る。

3 インスピレーション

　　人々にビジネスが社会に与える影響を認識させることで、正しい
　　ことをしたいという生まれつきの欲求をくすぐる。

　では、これら3項目をどのような形でテクノロジー業界に応用できる
か見ていこう。

## 規制／影響

　私たちは無秩序な環境汚染を防ぐためにさまざまな規制を用いてき
た。2014年、BP社が石油採掘プラットフォームのディープウォーター・
ホライゾンからメキシコ湾に1億3400万ガロンもの原油を流出させた事
故の責任を取って、法務省を相手に200億ドルを超える和解金に応じた。
　当時の米国司法長官ロレッタ・リンチは、この和解は実害の賠償であ

るだけでなく、「今後同じような事故を起こした場合、その被害に対してどれほどの責任を取らなければならないかをほかの企業に示す目的も兼ねている」と発表した[注9]。もし規制がなければ、環境をどんどん汚染するやり方が支配的になるだろう。そのほうが、企業は（少なくとも短期的には）多くの利益を得ることができるからだ。

現状のデジタル汚染は衰えを知らず、持続可能性という点でも容認できない。明らかに規制が必要だ。しかしながら、規制が敷かれるまでには多くの時間がかかるだろう。

1600年代のロンドンは石炭が燃える大都市で、街中の暖炉やかまどからもくもくと上がる黒い煙が建物を傷つけていた。それが1800年代半ばの産業革命時代になり、呼吸器系の疾患がロンドンで最大の死因になってようやく、人々は大気汚染が生活の質を下げていることに気づいたのである。

その事実に気づいてから実際に行動を起こすまでにも、また多くの時間が費やされた。1世紀以上が過ぎた1956年にようやく、ロンドンの大気の質を大幅に改善する力のある法律が制定された[注10]。

大気汚染の目に見える影響が出始めてから規制が行われるまで、300年が過ぎたのだ。その一方で、デジタル汚染は目に見えないうえに、私たちはようやくその社会への影響に気づきはじめたばかり。

いつの日か、規制が「無秩序なデジタル汚染」領域を避ける役には立つだろうが、おそらく今の世代で（あるいは次の世代で）そこまでたどり着くのは無理だろう。デジタル汚染の影響がすでに社会を不安定にしている事実を考えると、有効な法律が制定されるまで何十年も待っていられない。

規制当局が直面する問題のひとつとして、新しい技術が生まれたと

き、それがかなり普及して初めて、意図しない悪影響が明らかになると
いう点を挙げることができる。一方、影響について完全に理解すること
なしに早急に規制してしまうと、その新技術がもたらすかもしれない利
点も抑制してしまう恐れがある。

　結局、何かが起こるのを待って、それを規制するしかない。それに、
規制を敷いたところで、それだけでデジタル汚染が無くなるわけでもな
い。規制は次に挙げるインセンティブやインスピレーションを補完する
ものでなければならない。


## インセンティブ

　企業が環境へ被害を及ぼしたり、非倫理的なビジネスがニュースなど
で話題になったりすると、ブランドイメージが傷つく。そのようなブラ
ンドイメージの失墜が株主の利益だけでなく、社会やそのほかの関係者
の利害についても考える誘因、つまりインセンティブになる。

　規制のないテクノロジー業界では、世間で恥をかいてその影響で株価
が下がることが、規制を通じた罰則と同じような役割を果たすのだ。し
たがって、非倫理的なビジネス慣行に対して消費者の意識を高める啓蒙
活動がとても重要になる。

　しかし、そのような〝恥〟はネガティブなインセンティブでしかない。
人間の性質として、恐れや罰は最高の動機にはならない。罰をちらつか
せても、ビジネスリーダーたちは必ずしもよりよい世界をつくろうとは
思わないのである。

また、新たな危機が生じれば、消費者の関心はそちらへ移るので、ほとんどの場合で株価はもとどおりだ。フェイスブックもスキャンダルが明るみに出るたびに一時的に少し株価を落としたが、企業の財政は今も安泰であるようだ。

　イギリスの企業倫理研究所（IBE）の調査によると、倫理・行動規範をもち、それらを守る企業、つまり倫理的な企業は、そのような規範をもたない同等規模の企業よりも優れた業績を上げていることがわかった[注11]。つまり、倫理的に活動することが経済的な利益につながるのである。

　倫理の重視はポジティブなインセンティブだ。その理由は定かではないが、おそらくしっかりとした価値観があれば、組織内のあらゆるレベルで一貫した意思決定が行われ、その結果として従業員の自信やモチベーションが高まるのだと考えられる。

　IBEの調査が、社会的責任と利益は両立可能であると証明している。これまでの私たちは、フリードマンが提唱した株主優先という誤った理念を受け入れてしまっていたのだ。


## インスピレーション


　数多くの研究を通じて、人間にとって最大の動機は内側から生じる動機、いわゆる内発的動機であることがわかっている[注12]。人は心のなかに正しいことをしたいという欲求を抱えている、と言うと理想論に聞こえるかもしれないが、そのような楽観的な考えの根拠として、人間は協調する性質をもつという点が研究者たちによって指摘されている。

囚人のジレンマをモチーフにしたゲームをする人々の脳をMRIで調べたところ、相手と協調するときのプレーヤーの脳は、報酬中枢として知られる腹側線条体という領域が活発になることがわかった[注13]。さらに重要なことに、報酬中枢は個人の利益よりも、両プレーヤーの集団的な利益に敏感だったのだ[注14]。

　人類の祖先は協力し合うことで生存を確かにしてきた。その歴史を通じて、人間の神経系は個人利益ではなく集団幸福の最大化に貢献することに喜びを覚えるように進化してきたのである。

　この協調欲がモチベーションにも反映される。人は自分のやっていることに意義と目的を見いだしたいと願い、たとえ状況がその逆を示していても、自分の仕事が社会の幸福に役立っていると思い込もうとする。

　私が話したフェイスブック社員の多くも、自分たちの仕事が社会に害を与えているとは考えていなかった。「もし自分たちの仕事が世界に悪影響を及ぼしていると感じたらすぐに退職する」と豪語した従業員もいたほどだ。ちなみに、それから2年が過ぎたが、その従業員はいまだにフェイスブックで働いている。

　そのようなパラドックスが起こる理由は理解できる。システムがあまりにも複雑なとき、個の責任を特定するのは難しいからだ。一人ひとりはシステムのほんのひとかけらに関係しているだけなので、その小さな仕事がどのような形で社会全体を害しているのか、因果関係が見えないのである。また、個別の仕事は倫理的に何も問題がなく社会に無害だとしても、システム全体が有害な場合には、個人の責任を問うのはさらに難しくなる。

　意義と目的を求めるうちに、私たちは仕事を収入のための不可欠な手段とみなし、社会的な幸福に関与したいという欲求は仕事から切り離さ

れた慈善活動を行うことで満たすようになった。慈善活動を行うこと
で、世界を少しでもよりよくすることに貢献できるので、私たちは自分
を倫理的で責任ある人物とみなせるようになる。

19世紀後半は、疑わしいビジネス慣習を通じて富を蓄えながら、それ
と引き換えに慈善活動を行う実業家が多く、彼らは「泥棒男爵」と呼ば
れていた。1891年にオープンしたニューヨーク屈指のコンサート会場で
あるカーネギーホールを筆頭にカーネギー研究所、カーネギー・メロン
大学、カーネギー財団などを寄贈したアンドリュー・カーネギーは鉄鋼
王と呼ばれ、情け容赦のない実業家として財をなした。

1892年、カーネギー鉄鋼会社のメインプラントは歴史上最も深刻な労
働紛争の震源地だった。鉄鋼業界は好況だったので、組合が賃金の引き
上げを要求したのだが、カーネギーの後ろ盾を得た統括マネージャーの
ヘンリー・フリックが賃金を引き下げたのである。

交渉が決裂したとき、フリックはプラントから労働者を締め出し、代
わりに300人の警備員にプラントを守らせた。ストライキを敢行した労
働者と警備員のあいだで争いが生じ、結果として10人の死者と多数の負
傷者が出た。最終的に、プラントは非組合員の手で再稼働したが、およ
そ2500人が職を失った。解雇を免れた労働者は賃金カットに同意し、お
ぞましい12時間シフトを受け入れるしかなかった[注15]。

カーネギー鉄鋼会社は労働者の権利を奪って収入格差を広げた。アン
ドリュー・カーネギーは65歳で引退したあと、財産の大部分を芸術やエ
リート養成機関を支援する慈善活動になげうった。しかしそのような慈
善活動も、カーネギーが本職のほうで引き起こした不平等や労働者の権
利などといった問題を改善することはなかった。

このような慈善活動の問題は、カーネギーだけに限られたものではな

く、より広範囲におよぶようだ。統計によると、アメリカは世界でも最も慈善活動の盛んな国のひとつであるにもかかわらず、格差は拡大しつづけている。大型の寄贈者が寄付する額の5分の1しか貧困層に届いていない。

　そのような矛盾が生じる理由が、2013年に行われた調査で明らかになった。数多くの重要な社会問題に関して、裕福なアメリカ人の関心の対象は一般国民のそれとはまったく異なっていたのである。

　富裕層は社会福祉、特に社会保障と医療制度の削減に前向きなのだ。一方で、最低賃金を貧困ライン上に設定するなどといった労働条件あるいは収入の改善プログラムはあまり支援しようとしない[注16]。そのため、富裕層の寄付金は社会全体が必要とするものではなく、富裕層自身が重要とみなす対象にばかり集まる。

　世界をよりよくするという目的には、泥棒男爵が用いた戦略は有効ではない。ビジネスはビジネス、慈善事業は慈善事業と割り切ってはならないのである。


## ヒポクラテスの誓いとプロダクト


　社会の集団的な幸福を最大にするという内発的な欲求を効果的に束ねるには、プロダクトのためのヒポクラテスの誓いを通じて〝責任〟と〝ビジネス慣習〟をひとつに結びつける必要があるだろう。私たちは考え方を株主優先から、従業員から顧客や社会にいたるまであらゆる利害関係者を大切にする〝ステークホルダー資本主義〟に切り替える必要が

ある。

　世界経済フォーラムが発表した「ダボスマニフェスト2020」は、ステークホルダー資本主義は企業を「富を生み出す経済単位以上の存在」と定義する点が、従来の株主資本主義とは異なっていると説明している。「ステークホルダー資本主義は広範な社会体制の一部として人間と社会の願いを実現する。業績は株主への還元だけで測るのではなく、環境や社会、あるいはグッドガバナンスの目標をどの程度達成しているかという点でも評価されなければならない」[注17]。

　プロダクトのためのヒポクラテスの誓いを行うには、その前提として株主優先からステークホルダー資本主義へ考え方を変えなければならないのである。

　具体的には、ヒポクラテスの誓いを行うために、プロダクト開発のあらゆる段階で次の5つの項目を実行すべきだ。

## 1　ビジョン

　ビジョンをユーザーに向ける。ラディカル・ビジョンステートメントのテンプレートを用いることで、自分や企業の願望ではなく、社会のために解決したいと願う問題に焦点を当てたビジョンステートメントが書けるだろう。

　普通のビジョンステートメントは財務目標（「人々のコミュニケーション方法を刷新することで10億ドル企業に成長する」など）を宣言するが、ラディカル・ビジョンステートメントは違う。なぜか？

　かかりつけの医者のビジョンステートメントに請求目標が書かれていると想像してみよう。たとえば、「患者の病気を治して、年間100万ドル以上稼げる診療所にする」などだ。医療行為に関するビジョンの中心に

そのような金銭目標があるとき、あなたはその医者に最適な医療を期待できるだろうか？

1998年、ワールドコム（WorldCom）が最終目標を設定し、「我々の目標は世界で最も利益率が高いシングルソースのコミュニケーションサービスプロバイダーになることである」と発表した[注18]。その後、派手な買収劇と会計スキャンダルをへて、2002年に破産した。アメリカの歴史で最大級の破産劇だった[注19]。

収益目標の達成などといった日々のビジネスニーズがあなたをダークサイドへ引き込もうとする。スター・ウォーズ風に言うなら、ビジョンがフォースにバランスをもたらす。

ビジョンがあなたを収益目標への傾倒から守ってくれるのである。10億ドル規模の企業をつくることや請求額をビジョンの中心に据えると、世界にもたらすことを願った変化をあっという間に見失ってしまうだろう。

## 2 戦略

自分のビジネスモデルをユーザーのニーズに合わせるためにRDCL戦略を立てる。例として保険を見てみよう。加入者の誰かが保険金を請求すると、保険会社の収益が減る。そのため、保険会社にとっては請求を拒否することにうまみがある。もしあなたが保険金を請求した経験があるなら、あなたの保険会社も最初は請求を突っぱねようとしたのではないだろうか。

一方、保険会社のレモネード（Lemonade）は自社のインセンティブとユーザーのインセンティブを一致させる道を選んだ。ユーザーの保険料から一定額を徴収して収益に変えたのである。徴収後の保険料で、請

求のなかった部分は慈善事業に回す。プロダクトとビジネスモデルを見直すことで、同社はインセンティブをユーザーのニーズに合わせることに成功した。

## 3 優先順位づけ

優先順位づけや意思決定に、価値観や倫理的配慮を必ず反映させる。2001年に当時最大級の会計スキャンダルの渦中にあったエンロン（Enron）にも、同社が正式に発行した倫理規定が存在していた。従業員が従うべき倫理方針を説明した64ページにおよぶマニュアルだ[注20]。

当時の最高財務責任者アンドリュー・ファストウが企業の損失と不良資産を隠す目的で複雑な取引を考案したとき、取締役会はその行為が倫理規定に抵触することに気づき、行動を起こした。ファストウが取引を行えるように、彼に対しては倫理規定を適用しないことに決めたのである。企業の多くは、会議室の壁に企業の価値観を掲げている。しかし、その価値観は会議の席上では無視されることが多い。

価値観は、それが優先順位や意思決定に反映されて初めて意味をもつ。優先度フレームワークを用いれば、目標へのコースから外れたことをすぐに認識し、計画的に軌道修正を行えるだろう。

## 4 実行と測定

成功を測定する方法を見直すこと。リジャットは成功の尺度として、収益も、パパダム市場におけるシェアも重視しない。同社にとって成功の尺度は「リジャットでの仕事を通じて経済的な自立を獲得した女性の数」だけだ。私たちは使用率をそのプロダクトの成功と混同することが多い。しかし、プロダクトの成功は最初に設定した目標をどの程度実現

できたかで測るべきなのだ。

　フェイスブックのデザイナーは「いいね」ボタンを思いつき、何度も繰り返し提案したのだが、2年にわたってマーク・ザッカーバーグに却下されつづけた。ザッカーバーグは「いいね」ボタンのような単純な仕組みを導入すると、代わりに共有やコメントなどといった高い価値をもつインタラクションが減ると恐れたのだ。しかし、2009年の「いいね」ボタンの実装が大成功だったことは数字が証明している。

　ところがのちになって、「いいね」ボタンを開発したリア・パールマンとジャスティン・ローゼンスタイン（今は退社）がメディア相手のインタビューで、「いいね」ボタンが巻き起こしたブームを通じてストレスに満ちた中毒症状の悪循環を生み出したことを後悔していると述べたのだ[注21]。

　プロダクトがどんな意図せぬ影響を広げるか、前もって予測できるとは限らない。だからこそ、プロダクトの成功や失敗を、最初に望んだインパクトの実現度合いで測るのが大切なのだ。その責任を果たすには、プロダクトは財務指標を最大にするための手段であると考えるのをやめなければならない。

　プロダクトは望んだインパクトを起こすための改善可能なツールであると定義して初めて、実際の成果が望んだインパクトと異なっているときに軌道修正が可能になるのである。

## 5　文化

　組織文化に収益以外の目的を注入する。「口先だけでは何も起こらない」と語るのはドルビー（Dolby）のプロダクトおよびテクノロジー分野で取締役副社長を務めているマイク・ロックウェルだ。

「どのレベルを改善しようとしているのかをはっきりと示す意思決定を行うことに前向きでなければなりません。我々の場合、利益増のために改善することも、人類の繁栄のために改善することもできました。ドルビーで3Dメガネを開発したとき、我々は顧客の快適さを重視していることを示す決断を下すことにしました」。

3D技術では、メガネの左目と右目のあいだで発生するクロストークとゴースト現象を抑えなければならない。「我々には競合他社よりも優れたソリューションが必要でした。ですが、他社より優れているだけでなく、それ以上の性能をもつプロダクトの開発を目指し、実際にやり遂げたのです。顧客の快適さが本当に大切だと考えたからです」。

プロダクトにまつわる意思決定を通じて、ロックウェルをはじめとしたドルビーの幹部たちは企業の目的を世間に伝え、ユーザーの幸福に関して会社がどんな社会規範やガイドラインを用いているのかを明らかにした。

誰も悪意をもってプロダクトを開発したりしない。プロダクトを通じて社会が被る巻き添え被害の多くは意図しなかったものだ。組織の文化に責任を組み込むことで、組織内の誰もが企業の決めた社会規範やガイドラインから外れた行動や結果を見つけ、指摘することができるようになる。その際、声を発しても不利な立場に追い込まれることがないという心理的安全性も欠かせない。

責任を意識しつづけることで、ユーザーとユーザーのために起こそうと願う変化に焦点を合わせたままプロダクトを開発することができるだろう。これは何も、他人のためだけに尽くせ、という意味ではない。利益がなければ生き残ることもできず、ビジョンを実現することもできないのだから。

ラディカル・プロダクト・シンキングは、どんな優れたプロダクトも悪質なものに変えてしまうプロダクト病を予防しながら、経済的に成功するプロダクトを繰り返し開発するための方法論である。ラディカル・プロダクト・シンキングのアプローチの5つの要素を活かせば、あなたもビジョン駆動型プロダクトをつくって人々の生活に深く影響する強大な力を手に入れることができるだろう。

　しかし、そのようなスーパーパワーには責任が伴うことを忘れてはならない。本章ではプロダクトのためのヒポクラテスの誓いを行う手順を説明した。今のあなたなら、責任を担ったまま利益を追求し、そのうえで、この世界を理想に少し近づけるために思い描いた変化をもたらすプロダクトを開発することができるだろう。

- プロダクト開発におけるあなたの役割は医者のそれに似ている。ユーザーの問題を解決し、その幸福に責任を負う
- プロダクト開発の際、責任を果たすのではなく、個人の利益を最大にするための意思決定が行われやすい理由は、囚人のジレンマを用いて説明することができる
- もし誰もが個人の利益を最大にしようとすれば、デジタル汚染が衰えなく広がり、社会は最善からはほど遠い状態に陥るだろう
- そのような結果を避けるためには、次の3点を含む総合的なアプローチが必要になる
  - 規制／影響：悪行を抑制するための規制
  - インセンティブ：責任ある開発を促すための外からの動機
  - インスピレーション：自分たちの活動が社会にどう影響するかを認識して、集団的な幸福を最大にしたいと願う生得的な欲求を利用
- ビジネスは利益を最大にするための、慈善活動は善行をするためのまったく別の行為と区分けすることは、プロダクトを通じて世界をよりよくするという目的には有効ではない
- プロダクトのためのヒポクラテスの誓いを行うということは、ラディカル・プロダクト・シンキングのアプローチの5要素（ビジョン、戦略、優先順位づけ、実行と測定、文化）すべてに倫理観を吹き込むことを意味している

# 終章
# ラディカル・プロダクト・シンキングが世界を変える

　世界を変えたいと願い、ビジョンを掲げてプロダクトを開発する。そんなとき、世界のほかの〝ラディカル・プロダクト・シンカー〟たちがどんな活躍をしているかを知れば刺激になるだろう。本章では、生活のさまざまな場面でラディカル・プロダクト・シンキングがどのように利用されているかを紹介する。あなたも、自分なりのやり方で変化を起こせるはずだ。

　最初に、利益だけが唯一の目的とみなされる金融業の領域でブレークスルーを起こそうとしているラディカル・プロダクト・シンカーを紹介する。次に、組織全体のあらゆるレベルで誰もがラディカル・プロダクト・シンキングを活かすことができる事実を示す。最後に、ラディカル・プロダクト・シンキングの考え方をプロダクト以外の分野に広げる。

　そうすることで、あなたは私生活に関しても望ましい変化について考えることができるようになるだろう。あなたが世界に夢見る変化を実現するためのメカニズムは、すべてがプロダクトなのだ。

# ラディカル・プロダクトとしてのファイナンス

　「ファイナンスは無害であるだけでは不十分です。ファイナンスは善なる力でなければなりません」。2019年のアジア銀行・金融シンポジウムで、私は初めて、ラヴィ・メノンが金融についてそう語るのを聞いた。メノンはシンガポールで中央銀行の役割を担い、金融政策を制定し、銀行、保険、証券、金融業務を規制するシンガポール金融管理局（MAS）の局長だ。

　収益と責任は両立できないという考え方は、ほかのどの分野よりも金融分野で蔓延している。2008年の金融危機でアメリカとヨーロッパの多数の銀行が税金を使って救済されなければならなかったこともあり、無害な金融という考えは非現実的に聞こえる。何しろ、向こう見ずな利益の追求が大恐慌以来最悪の不況を引き起こし、およそ700万のアメリカ国民が住む家を失ったのだから。

　それに比べれば、シンガポールの銀行はこれまではるかにうまくやってきたと言えるが、それでも不正がまったくなかったわけではない。金融は善なる力になれるのだろうか？

　シンガポールでの生活を始めてから2年半、私は政府機関がシステマティックに変化を引き起こす様子を何度も見てきた。1950年代の貧しい島国としての存在から経済大国へと変貌したシンガポールには、変化を思い描き、ビジョンを秩序だった方法で実現していくラディカル・プロダクト・シンキングの哲学が染みついている。

　シンガポールにおけるラディカル・プロダクト・シンキングの歴史を見て、目的を掲げて整然とした方法で夢見る変化を起こそうとしている

メノンの言葉を聞いた私は、金融を世のためになる善なる力にするという目標は実現が可能だと思っている。

　自らのビジョンを発表するとき、最初にメノンは金融業界で見つけた問題について話した。

　「なぜ金融危機は繰り返されるのでしょうか？　理由のひとつは、金融業界とほかの業界のあいだに横たわる違いにあります。何らかの製品やサービスをつくるとき、もちろん利益を上げなければなりませんが、同時にそれは社会に貢献する行為でもあります。たとえば美容師なら、お客さまの見た目を美しくする手助けがしたいという思いがあります。だから、顧客のために少しでも多くの努力をしようとします。ところがトレードやデリバティブなど、金融業界の活動のほとんどは利益を得ることだけが目的です。顧客と直接やりとりすることがありません。人を相手にしていないのです」。

　そして、顧客から離れれば離れるほど、人は責任を忘れ、利益ばかりを追うようになる。

　金融業を善の力に変えるために、金融分野は人間を中心にした目的と結びついていなければならないとメノンは考えた。そして保険を例に、どうやってMASが金融業界に人と人のつながりをもたらそうとしているのかを説明した。

　保険は車のサスペンションに似ている。サスペンションがあれば、でこぼこ道にさしかかっても乗り心地はスムーズなままだ。ほとんどの人が加入できる包括的な保険は社会にとって有益だろう。

　人のことを考えずにデータと機械学習だけを利用して利益を増やそうとする態度は保険というビジネスモデルを壊す行為であり、社会に意図しない影響を及ぼす。たとえば健康保険のビジネスモデルは、国民の大

半が保険に加入するが、実際に病気になって保険金を請求するのは少数だけ、という状況を前提にしている。

しかし、機械学習を使って誰がのちに保険金を請求することになるか正確に予測できるとしたらどうだろうか？　そのような人々を保険から締め出すことで、利益を増やすことができるのである。しかしその際、保険に加入できない人のグループが生まれてしまう。皮肉なことに、包括的な保険を実現するなら、知識は不完全なほうが好都合なのである。

「私たちは『データを多く集めることで』保険に入れない、または保険料が著しく高い人々の集団が大きくなるのではないかと、本当に心配しています」と、メノンは説明する。

「でも、保険料を決めるときに使う情報を少なくしろ、と主張することができるでしょうか？」。アルゴリズムはデータという点では正しい判断を行うかもしれないが、国民の一部を除外してしまうのであれば社会にとっては望ましくない結果をもたらしかねない。

メノンが打ち立てた総合的な戦略は規制の範囲にとどまらず、金融業における機械学習やアルゴリズムの進歩に起因するデジタル汚染や意図しなかった悪影響に対処する策も含まれる。

MASは、「規制／影響」「インセンティブ」「インスピレーション」の3要素を用いて金融業者に責任を担わせるために、彼らのモデルが何を引き起こしているかをより深く理解させる必要があった。シンガポールのAI開発者たちが、機械学習モデルが社会に悪影響を及ぼす恐れがあると懸念を表明したとき、MASはそれを業界内で議論を行う機会だと捉えた。

2018年、金融業界のリーダー、AI専門家、そしてMASの首脳陣が議論を行い、その成果として共同でまとめたFEAT（公正・倫理・責任説

明・透明性）原則を公表した<sup>[注1]</sup>。このFEAT原則は世界から注目を浴びた。AIとデータ解析の責任ある利用に関して、業界と規制当局が協力してガイドラインを定めた初めてのケースだったからだ。

「今なお進化を続けるこれらの分野に強制や監視のメカニズムを導入するのはあまりにも時期尚早です。規制もイノベーションの速さに追いつけないでしょう」とメノンは言う。「その一方で、世間に向けて発表されたこれらの原則は許容される社会規範の強力な参考基準となり、どのような態度が批判の対象になるかを明らかにします」。

メノンの戦略は変化を生み出すための総合的なアプローチだと言える。イノベーションが社会に予期しない悪影響を及ぼすのを防ぐために、一般に受け入れられる社会規範を決め、テクノロジーの無責任な使用が社会に害をなすかもしれないという認識を広めた。

金融業界をより人間的にするために、MASサイドも規制相手である企業のことを理解し、深い共感をもって事に当たらなければならないと、メノンは信じている。MASのデジタルトランスフォーメーション運動の核には「共感によって動かされ、人を中心にする」という信条がある。

人間中心のアプローチを実行に移すために、MASのプロダクトチームはラディカル・プロダクト・シンキングを用いてユーザーを中心に据えたビジョンを打ち立て、ユーザーのために生み出す変化を定義した。実行と測定の段階では、チームはデジタルプロダクトの成否を、それらがユーザーのために目指した変化を生み出しているかどうかで測ることにしている。

また、共感を、あるいは人間を中心に据えるという価値観を、組織の文化に浸透させるための努力も続けている。たとえば、MASの内部規

定には、MAS職員は金融業者に対して週末を含む連休の直前にデータの送信などを要求すべきではないと明記されている。要求すれば、金融機関のコンプライアンス担当者がデータを提出するために休日返上で働かなければならなくなるからだ。

　もちろん、金融機関に対する共感が、規制や指導を緩めることを意味してはならない。この点はメノンも重々承知している。「たとえ私たちの答えが〝ノー〟であったとしても、相手にその答えを受け入れやすくすることはできるはずです。彼らを人間として扱うことはできるのです」。

　念のために付け加えておくが、MASにとって金融セクターと金融KPIの成長はとても重要なことだ。力を失った金融セクターは自らの生き残りに注力せざるをえず、善のために活動するのが困難になるだろう。収益性と目的の関係を示す図11（第8章参照）で言うなら、MASは金融セクターにおける成長と利益を目指しながら、人間中心の目的をサポートしているのである。

　メノンは利益だけをビジネスの責任とみなす株主資本主義をきっぱりと否定し、ステークホルダー資本主義と責任ある利益をよしとする。「どの事業も世界をよりよい場所にするという大目標を掲げ、そのための方法を定義しなければなりません。最高のプロダクトをつくり株主価値を高めるのは、その次です」。

　メノンは目的に関するこの考え方を個人の役割にも当てはめる。「人生でも、ビジネスでも、目的こそが究極のコンパスです。なぜ自分は今していることをしているのか、その理由を私たちは自問しなければなりません」。

**　私たちは誰もが、それぞれの小さな方法で、ビジネスを、行動を、知**

識を通じて、しかも利益を増やしながら、世界をよりよい場所にすることができる。これこそがラディカル・プロダクト・シンキングの核心なのである。

　メノンの場合、金融を社会にとって善良な存在にするという変化を夢見た。そのための仕事こそが、その変化をもたらすための絶えず改善可能なメカニズム、つまりラディカル・プロダクトなのである。


## 誰もがラディカル・プロダクトをつくれる


　役職や階級に関係なく、私たちの誰もが仕事を通じて世界を変えることを夢見ていい。リーダーでなくてもラディカル・プロダクト・シンカーになることはできるのだ。また、ラディカル・プロダクト・シンキングは組織内のあらゆるレベルに応用が可能で、ビジョンを実現する役に立つ。その際たる例が〝月面着陸〟だ。

　1969年7月20日、月着陸船イーグルがあと数分で月面に到達しようとしていたとき、ダッシュボードが緊急事態を告げた。レーダーのスイッチが着陸用ではない位置にあったのだ。

　バズ・オルドリンがミスに気づいてすぐに対処したが、そのときにはすでにレーダーがオンボードコンピュータに不要なデータを大量にインプットしていた。警報が飛行用コンピュータの計算が追いついていないことを示した。管制センターと宇宙飛行士は着陸に踏み切るべきか否かを決めなければならなかった。

　月に人を送るという壮大なビジョンの実現計画を率いたのはジョン・

F・ケネディ大統領だ。しかし、「アポロ11号計画」が大惨事に終わらずに成功できたのは、マーガレット・ハミルトンというプログラマーのおかげだったと言える。人の命を左右するソフトウェアがどうあるべきか、ハミルトンにははっきりと見えていた。

着陸まであと3分の時点で、ソフトフェアが回復し、本来のタスクを続けた。着陸船搭載フライトソフトウェアの開発主任だったハミルトンが、過剰な負荷がかかったときには不要な作業をすべて無視して着陸に不可欠な最優先タスクだけを続けるように、あらかじめシステムを設計していたのである。

管制センターは着陸許可を出した。そのあとのことは説明するまでもないだろう。着陸は成功し、ニール・アームストロングが月に降り立ち、アメリカ合衆国は「人類にとって大きな飛躍」を成し遂げたのである。

ハミルトンの決断は、現在でもソフトウェアエンジニアリングの手本とみなされている。だが当時はソフトウェアエンジニアリングの学校もまだない時代。エンジニアチームは仕事をしながら学び、ソフトウェア開発という分野を切り開いていった。

では、なぜハミルトンにはソフトウェア開発がエンジニアリングの分野としてまだ確立していなかった60年代にそのようなソフトフェアを設計することができたのだろうか？

ハミルトンの答えは、まさにビジョン駆動型アプローチの鑑だと言える。自分のプロダクト（着陸飛行用ソフトフェア）を通じて生み出したい状況をはっきりと思い描いていたのだ。「人の命がかかっていたので、ソフトウェアは人のためでなければなりませんでした。最初から完璧に機能することが求められていたのです。ソフトウェアの信頼性はとんで

もなく高いものであると同時に、エラーがあった場合にはそれを検出して、その場で回復する性能も必要でした」と、ハミルトンは語る。

ハミルトンはNASAのビジョン（人を月に送る）を自らのビジョン（人を月に送る際に起こるかもしれないあらゆるエラーから確かに回復できるソフトウェアを開発する）に翻訳したのだ。

このビジョンがソフトウェアエンジニアリングという分野の開拓につながった。「当時はまだ、〝ソフトウェアエンジニアリング〟を教える学校がなかったのですが、（宇宙飛行士の命を守るという）責任がひとつの〝分野〟を切り開きました。私たちはエラーを防ぐ方法を探しつづけました。フライトソフトウェアを開発するために、方法、規格、規則、ツールなど、すべてをつくらなければなりませんでした。答えが見つからなくても、仕事を続けて自分たちで答えを考え出さなければならなかったのです」。

組織内で高い役職に就く者がミクロレベルでも正しい決断を下せるほど細かな情報を得られる状態にあるとは限らない。言い換えれば、組織のビジョンをそれぞれのレベルで仕事に変換する個人が求められる。この点について、ハミルトンは「ビジョンには境界がなかった」と表現する。誰もが自らの仕事にビジョンをもつことで、人を月に送るというゴールにたどり着けたのだ。

プロダクト開発にビジョンを取り入れるとき、私たちは自分の仕事のインパクトについて総合的に考える。たとえば、ビジョン駆動型のソフトウェア開発者が満足するのは、コードを完成させたときではなく、設定した目標の達成にシステム全体が貢献したときだろう。

ハミルトンにはビジョンがあった。だから自分の役割をプログラミングだけに限定しなかった。ハードウェアに始まり、ミッションの構成、

そして宇宙飛行士の行動にいたるまで、システム全体のあらゆる側面に信頼性を求めた。当時のNASAにとっては斬新な考え方であり、宇宙計画にそこまでの信頼性は必要ないと考える人さえいたほどだ。

ハミルトンが週末を返上してラボで仕事をしていたある日、そばで「宇宙飛行士ごっこ」をして遊んでいた娘のローレンがたまたまシミュレーションをクラッシュさせてしまった。クラッシュの原因を調べたところ、ローレンは最初に起動コード（P01）を、そのあとで起動準備コード（P00）を選択したことがわかった。

娘にシステムをクラッシュさせることができるなら、宇宙飛行士もクラッシュを引き起こしてしまう可能性があると考えて、ハミルトンはそれを防ぐためのエラーチェック機能を付け足そうと提案した。ところがNASAのほうが、完璧な訓練を受けた宇宙飛行士はそのようなミスをしないという理由でハミルトンの提案を拒否したのである。

NASAの態度が変わったのは、「アポロ8号計画」がミッション途上でトラブルに見舞われてからだ。宇宙飛行士のジム・ラヴェルが飛行中に、ローレンと同様、先にP01を、次にP00を選んでしまったため、ソフトウェアがクラッシュして、すべてのナビゲーションデータが消えてしまったのだ。

データがなければ、宇宙飛行士たちは地球に戻るコースが計算できなくなり、宇宙空間を漂うことになる。ハミルトンらはヒューストンからナビゲーションデータを再アップロードする方法を見つけ、システムの復旧に成功した[注2]。

この出来事を通じて、NASAはハミルトンのビジョン駆動型のアプローチはソフトウェア以外の領域にも重要であることに気づいた。そこでハミルトンに、アポロに関係するすべてのソフトウェアにエラー検出

とコードの回復機能を標準機能として実装する許可を与えたのである。

　私がプロダクト開発におけるビジョン駆動型アプローチの必要性について話したとき、ハミルトンは自身のアプローチをボーイング社が737MAXの開発で採用したアプローチと比較した。ハミルトンのビジョンはシステムのあらゆる場所でエラーを防ぐことを目指していた一方で、ボーイングの737MAXの設計は起こったエラーを修正することに焦点を当てていた。

　具体的には、ハードウェアデザインの不備によって飛行が不安定になったとき、飛行機はMCASソフトウェアを介して修正を試みる。しかしそのMCASソフトフェアも、システムがエラーを起こしたことにパイロット自身が気づき、飛行機を適切に操縦することを前提にしている。「737MAXは連邦航空局の再承認を得ましたが、私は絶対に乗りたくありません」とハミルトンは締めくくった。

　ハミルトンは、ソフトウェアはエラーを防ぎ、もしエラーが起こっても回復できるべきだというビジョンに導かれて〝防御的プログラミング〟というコンセプトを開拓した[注3]。その功績を称えて、NASAは2003年にハミルトンにスペースアクト賞を授けた。また、2016年には大統領自由勲章も授与された。

　ハミルトンのビジョンとそこから生まれた技術が月面着陸を成功に導いたと言える。それがなければ、人を月に送るというケネディ大統領のビジョンは実現できなかっただろう。レベルに関係なく組織全体に、ビジョンを行動に翻訳するラディカル・プロダクト・シンカーが求められているのである。

# 個人としての生活とラディカル・プロダクト

　ラディカル・プロダクト・シンキングは仕事だけでなく日常にも応用できる。地域のボランティア活動を通じて、あるいは世界を自分の理想に少しだけ近づけるための行動を通じて、誰もが目的意識をもって変化を促すことができるのだ。

　1955年3月2日、アラバマ州モンゴメリーで学校を終えた15歳のクローデット・コルヴィンという少女が友達といっしょにバスに乗って帰宅していた。人種隔離政策を守って、コルヴィンらはバスの後方にいた。ところが、いくつかの停留所を過ぎたころ、バスが混雑しはじめ、ひとりの白人女性が席を見つけられなかった。するとバスの運転手がその若い白人女性に席を譲るようコルヴィンらに要求したのである。

　友達はいやいや立ち上がったが、コルヴィンは拒否した。年老いた人には席を譲るが今そこに立っているのは若い女性だ、とコルヴィンは主張した。運転手が警察を呼ぶと脅すが、コルヴィンは動じない。結局、コルヴィンはアラバマ州のバス内人種隔離法違反で逮捕された。

　私はコルヴィンに、まだ15歳だったのに、どうして権威に立ち向かう勇気を奮うことができたのか尋ねてみた。「抗議活動として計画的に立つのを拒否したのではありません。バスのなかにいる人たちに、自らがやっていることは間違っているとわかってもらいたかっただけです。人種隔離政策は不公平、私は不当に扱われている——そのことを知ってもらいたかった」。

　コルヴィンはまだ15歳という若さだったが、誰もが平等に暮らせる世界に生きることを望んでいた。2018年に私と話したときコルヴィンは79

歳で、会話を始めたときは少し疲れた様子だったが、自分が夢見る世界について話しはじめたとたんに、声に力がみなぎった。

「アフリカ系アメリカ人の誰もが、自分がほかの人に劣ることのない人間であることを証明しなければなりませんでした。私はただ、よりよい生活、よりよい教育を求めていたのです。私は、誰もが同じアメリカンドリームをもてる世界を、私たちの誰もが白人と同じアメリカンドリームをもてる世界を夢見ていました。ひどい扱いを受けたと文句ばかり言うくせに何ひとつ行動しようとしない大人たちに、私はうんざりしていたのです」。

逮捕される恐れがあることはコルヴィンにもわかっていた。捕まったらどんな暴力が行われるかわからないし、釈放されたとしてもKKKが家族全員に報復をする恐れもあった。それでもコルヴィンは座席から立ち上がらなかった。ビジョンがあったからだ。誰もが同じアメリカンドリームをもてる世界というビジョンが。

逮捕から2週間後、ローザ・パークスがコルヴィンの両親に電話をして、コルヴィンにパークスが率いる若者のグループに話をしてもらいたいと申し出た。のちにコルヴィンは全米有色人種地位向上協会（NAACP）の青年評議会の秘書官になり、ローザ・パークスとの関係を密にした。

コルヴィン逮捕の9カ月後、パークスも同じ方法で人種隔離法に抵抗を示し、逮捕された。これを機に、ローザ・パークスは公民権運動の象徴のような存在になり、彼女の事件がコミュニティ団結のきっかけになった。

席を譲らないというコルヴィンのとっさの抗議行動はとても勇敢だったのは確かだ。しかし、それよりも称賛に値するのは、その後の計画的

な行動のほうだろう。

　コルヴィンは最高裁で行われた「ブラウダー対ゲイル」裁判で原告および重要な証人として熱弁を振るった。そのかいあって、バスにおける人種の分離を違法とする歴史的な判決が下されたのである[注4]。

　当時のコルヴィンには、訴訟を取りやめるようにすさまじい圧力がかけられていた。実際、その訴訟の原告リストには4人の名前しか記されていない（オーレリア・ブラウダー、スージー・マクドナルド、クローデット・コルヴィン、メアリー・ルイーズ・スミス）。5人目のジャネッタ・リーズが脅迫を受け、訴訟から手を引いたからだ。現状を受け入れるほうが簡単なのに、コルヴィンは明確な目的意識をもって不平等にあらがった。

　公民権運動に多大な貢献をしたにもかかわらず、コルヴィンの名は歴史からほぼ忘れ去られている。インターネット上の記事の多くは、コルヴィンは逮捕されたときに妊娠していたため、公民権運動の象徴としてはふさわしくなかったとほのめかすが、これは歴史を誤認している。

　コルヴィンが、なぜ自分ではなくローザ・パークスのほうが象徴として選ばれるにふさわしかったのかを淡々と説明する姿勢に、彼女の目的意識の高さが表れている。「人々には、黒人からも白人からも等しく受け入れられる人物が必要だったのです。そして、パークスさんのほうが肌の色が明るかった。ヨーロッパの血が流れている人物は公平だとみなされていて、白人からも黒人からも尊重されていました。それに、パークスさんは中産階級の出身でした」。

　一方のコルヴィンは貧困地区に住んでいた。コルヴィンは変化を意図し、自分がその火付け役になったことも自覚していた。しかし、その火種を炎に育てる役割として、パークスのような燃えさかるたいまつを掲

げる（誰からも受け入れられる）人物が必要だったのである。

　コルヴィンは有名にはならなかったが、自分のやったことに対して後悔はしていない。「私はできる限りのことをしました。そして孫たちを見れば、努力が実を結んだことがわかります。私は息子のひとりを失いましたが、もうひとりの息子は健在で、経営学で博士号を取りました。孫は5人、ひ孫も5人。ありがたいことに、彼・彼女らの誰一人として逮捕されていません。それに、バラク・オバマが大統領になるのも見ました」。


　非営利組織、政府機関、研究部門、スタートアップ、フリーランス、活動家、どこで働いていようと、そこにはプロダクトがある。そのすべてが、世界をよりよくするための改善可能なメカニズムでありうる。

　プロダクトを開発するとき、財務KPIばかりを追求するのではなく、ラディカル・プロダクト・シンキングというビジョン駆動型のアプローチを用いることができるのである。ラディカル・プロダクト・シンキングを用いて次の5つのステップに従うことで、やっかいなプロダクト病を予防しながら、成功につながるプロダクトを計画的に開発することができるだろう。


**1　自分が実現したいと願う説得力のあるビジョンを掲げる**

**2　行動可能な計画を立てるために戦略を決める**

**3　優先順位を決めて、ビジョンを日々の意思決定に反映させる**

**4　ビジョンの達成度合いを知るのに不可欠な要素を測定する**

**5　組織内の文化に目的意識を浸透させる**

ラディカル・プロダクト・シンキングのアプローチは、人々の生活に影響を及ぼすプロダクトを開発する際に問われる責任を負うことも意味している。ラディカル・プロダクト・シンキングがプロダクト開発のすべてのステップに人間を中心にした目的を焼きつける。

　過去50年以上をかけて、私たちの意識にはビジネスの（すなわちプロダクトの）役割とは利益の追求であると刷り込まれてきた。私たちは、プロダクトの成功と世界をよりよい場所にする慈善活動は両立できないという考え方を受け入れてきた。この考えがプロダクト開発にも浸透し、その結果として財務指標を改善するためのイテレーティブ活動に精を出してきた。

　しかしその過程で私たちのプロダクトは病いにかかり、社会に巻き添え被害を及ぼしていたのである。これまでのアプローチは走る馬に乗るようなもの——馬が間違った方向に走ってもお構いなしで、疾走するスリルを味わう。ただ、このアプローチをこれ以上続けるわけにはいかない。

　ラディカル・プロダクト・シンキングを用いれば、あなたが手綱を握って、あなた自身の行動と知識を用いて、大なり小なり、世界に望んだ変化を起こすことができる。ラディカル・プロダクト・シンキングがよりスマートなイノベーションと、良質で有益なビジョン駆動型プロダクトの開発を可能にする。

# 謝辞

　まず、ビジョンを掲げて変化を起こそうとするラディカル・プロダクト・シンカーである読者に感謝したい。この本を読むという選択をしたことで、あなたはすでに「ビジョンへの投資」領域で時間を費やしたことになる。

　ジョーディー・ケイツとニディ・アガワルとのコラボレーションは、私にとってかけがえのない経験であり、本書執筆のきっかけになった。ふたりには深く感謝している。プロダクト病やビジョンツール、戦略、優先順位づけ、実行と測定などについて話し合っていたころ、多くの人が私たちの考えを試してくれた。こうしたフィードバックがツールの改良につながった。みなさんの援助がなければ、ラディカル・プロダクト・シンキングは生まれなかっただろう！

　アイデアは強力でも、それを出版にまで導くのは大変な作業だった。執筆活動を開始したばかりの私をガイド役として導いてくれたダン・アリエリーに感謝を述べたい。行き詰まったとき、ジョン・コンウェイ、ジェリー・タード、ファーリー・チェイス、リア・スピロなど一連の人々を紹介してもらった。その絆が、最終的にウィル・ワイザーとつながったことが本当にありがたい。

　諦めることなく適した出版社を見つけるサポートをしてくれたウィル・ワイザーには、感謝が尽きることはない。ウィルはまだ形になっていないうちからラディカル・プロダクト・シンキングの偉大さに気づき、私が自信を失いかけているときに、そのすばらしさを思い出させてくれた。

　本書を執筆するよう励ましてくれた世界中のラディカル・プロダクト・シンカーたちにも、感謝を伝えたい。彼・彼女らの多くが電子メールやLinkedInを通じて、ラディカル・プロダクト・シンキングがどれほど役に立つかを教えてくれた。彼・彼女らの物語は決して色あせない。

時間を割いて連絡してくれたことに感謝している。本当にありがとう！

　私を戦略肥大の症状から守ってくれたエディターのアナ・ラインベルガーにも大いに感謝している。本書の完成における彼女の功績は小さくない。本プロジェクトを受け入れてくれたバレット＝コーラー社のチームにも礼が言いたい。世界をよりよい場所にすることに前向きな出版社に出会えて、幸運だった。

　本書はビジョンによって推し進められたが、あなたが読み終えたそのビジョンは数多くのイテレーティブの成果でもある。フィードバックをくれたシャロン・ゴールディンガー、ならびにピープルスピークのチームメンバーであるパメラ・ゴードン、ブリット・ブラヴォー、バディ・ブラットナー、ジェニファー・ジョイス、ティム・メイデン、オーウェン・ジョンソン、ルーシー・ルバシェフ、ヴェレーナ・ヘール、デビッド・シュライファーに感謝している。デビッド・シュライファーからは、私がまだ若いころにビジョン駆動型アプローチの大切さを教わった。

　この本を書いていたとき、最もやりがいを感じたのは多くの人を取材した時間だった。週末の時間を割いて、ビジネスが善の力となるという深い洞察と考察を分け与えてくれたラヴィ・メノンには特に感謝している。

　スワティ・パラドカルはとても刺激的なリジャットの物語を話してくれた。魂の渇きを癒やすほど豊かな話をしてくれたマーガレット・ハミルトンとクローデット・コルヴィンにもありがとうと言いたい。公民権運動とその際の多大な犠牲を通じて世界を変えてくれたクローデット・コルヴィンには、私だけでなく、その後の世代のすべての人々が感謝している。

　そのほかにも取材に応じてくれたラディカル・プロダクト・シンカーの数は多い。ブルース・マッカーシー、ブルーノ・トネリ、ヨゲシュ・シャルマ、シャリフ・マンスール、ジェレミー・クリーゲル、ヤナ・ゴンビトヴァ、アグネス・ゼベレニー、リアラ・アボット、アン・グリフィン、アンディ・エリス、アンソニー・フィリパキス、ムクンド・ゴパラクリシュナン、ブライアン・クロフト、リチャード・カスペロフスキー、ゼーレン・フール、シンディ・バイアー、ダグ・シュルツ、デ

ビッド・ミナルシュ、マーティン・デリウス、マイク・ロックウェル、サンドラ・バーミュデス、アルトゥグ・アカール、フィル・リーコック、ありがとう。メイ=リー・コーはテクノロジー業界について詳しい話をしてくれた。私たちの仕事について書くことを許してくれたポール・ホーンとヤロウ・ソーンにも感謝している。ウェブサイトの創作でサポートしてくれたワワンコ社のアントニオ・パガーノとニコル・エスコバールにも、永遠に恩を忘れない。

　この本には、私自身の2年半におよぶシンガポールでの生活が色濃く反映されている。私はその期間の大部分において、シンガポール金融管理局（MAS）で働いた。そのときの経験と学習は、私のキャリアにとって最も満足できるものだった。私をMASに導いてくれたキャロリン・ネオ、そしてヴァス・コラとマイシュ・ニチャニをはじめとしたペッブルロードのみなさんにも感謝している。デル・ジウン・チア、ジャクリーン・ロー、ツアン・リー・リム、シンディ・モック、ケン・イ・リー、ジェレミー・ホール、ならびにMASのみなさんにも感謝を伝えたい。新しいアイデアを受け入れるみなさんのオープンさに、私は深く感銘を受けた。

　最後に、私の家族に感謝したい。両親からは無条件の愛という最高の贈り物を授かった。根気強く育ててくれた両親のおかげで、私は重圧に潰されることなく世界を変えることができると確信するようになった。兄はまだ未熟だったころの私を尊重してくれた。私はそれに応えようとした。

　私の子、アリヤとリシは私の人生にやってきて、最高のサポーターになってくれた。私が出版契約を結ぼうとしていたころ、君たちは何日も前から興奮していたね。次の勝利を追いかける前に、ひとつの勝利を祝う喜びを教えてくれてありがとう。

　夫のダニエル・デ・フランチェスコ。最高の親友にしてパートナーでいてくれてありがとう。本書だけでなく何にでも没頭してしまう私に対するあなたの愛に、理解に、サポートに、感謝している。私たちのお決まりのジョークは、私は終わりのない急流を遡りつづける鮭、というもの。あなたが私に展望を与えてくれた。そこから眺める景色は、あなたが横にいるからこそ美しい。

# 注釈

## 序章

1. David Rowell, "Did Boeing Secretly 'Bet the Company' Yet Again on an Airline Project?" *Travel Insider*, July 18, 2019, http://blog. thetravelinsider.info/2019/07/did-boeing-secretly-bet-the-company-yet-again-on-an-airline-project. html.

2. *Seattle Times* business staff, "Timeline: A Brief History of the Boeing 737 MAX," *Seattle Times*, updated June 21, 2019, http://www.seattletimes. com/business/boeing-aerospace/timeline-brief-history-boeing-737-max/.

3. Boeing Company, *2018 Annual Report*, March 2019, http://s2.q4cdn.com/661678649/files/doc_ financials/annual/2019/Boeing-2018AR-Final.pdf.

4. Yoel Minkoff, "Spotlight on Boeing Buybacks amid Latest Crisis," *Seeking Alpha*, March 19, 2020, http://seekingalpha.com/news/3553310-spotlight-on-boeing-buybacks-amid-latest-crisis.

5. Rachelle C. Sampson and Yuan Shi, "Are U.S. Firms Becoming More Short Term Oriented? Evidence of Shifting Firm Time Horizons from Implied Discount Rates, 1980-2013," *Strategic Management Journal* (March 26, 2020), https://doi. org/10.1002/smj.3158.

6. Clyde Prestowitz, *The Betrayal of American Prosperity: Free Market Delusions, America's Decline, and How We Must Compete in the Post-Dollar Era* (New York: Free Press, 2010).

7. Brian R. Cheffins, *The Public Company Transformed* (New York: Oxford University Press, 2019).

8. Tim Smart, "Ge's Money Machine," *Bloomberg*, March 7, 1993, http://www.bloomberg.com/news/ articles/1993-03-07/ges-money-machine.

9. Nick Bilton, "All Is Fair in Love and Twitter," *New York Times*, October 9, 2013, http://www. nytimes.com/2013/10/13/magazine/all-is-fair-in-love-and-twitter.html.

## 第 1 章

1. "Sandy Munro's Tesla Deep Dive—Autoline After Hours 447," *Autoline After Hours*, Autoline Network, streamed live January 3, 2019, http:// www.youtube.com/watch?v=aVnRQRdePp4.

2. Mark Kane, "Tesla Model 3 Outsold Premium Competitors by 100,000 Since 2018," *InsideEVs*, June 10, 2019, http://insideevs.com/news/353847/ tesla-model-3-outsold-premium-competitors/.

3. Chris Paine, *Who Killed the Electric Car?* (United States: Plinyminor, 2006), film.

4. Ralph Gomory and Richard Sylla, "The American Corporation," *Daedalus* 142, no.2 (Spring 2013): 102-118, https://doi.org/10.1162/daed_a_00207.

5. Lewis Carroll, *Alice's Adventures in Wonderland* (1865; New York: Dover, 1993), 41.

6. *Oxford English Dictionary*, s.v., "radical," accessed April 3, 2021, https://www.lexico.com/en/ definition/radical.

7. *Singapore Free Press*, July 21, 1854.

8. "Transcript of a Press Conference Given by the Prime Minister of Singapore, Mr. Lee Kuan Yew, at the Broadcasting House, Singapore, at 1200 Hours on Monday 9th August, 1965," National Archives of Singapore, August 9, 1965, https:// www.nas.gov.sg/archivesonline/data/pdfdoc/ lky19650809b.pdf.

9. "Prime Minister's Press Conference Held on 26th August, 1965, at City Hall," National Archives of Singapore, August 26, 1965, http://www.nas.gov. sg/archivesonline/data/pdfdoc/lky19650826.pdf.

10. "Excerpts from an Interview with Lee Kuan Yew," *New York Times*, August 29, 2007, http://www.nytimes.com/2007/08/29/world/asia/29iht-lee-excerpts.html.

11. Chua Mui Hoong and Rachel Chang, "Did Mr Lee Kuan Yew Create a Singapore in His Own Image?" *Straits Times*, March 24, 2015, http://www.straitstimes.com/singapore/did-mr-lee-kuan-yew-create-a-singapore-in-his-own-image; and "Singapore Citizen's Passport Cancelled, Investigated for Possible Offences for Breaching Stay-Home Notice Requirements," Immigration & Checkpoints Authority, March 29, 2020, http://www.ica.gov.sg/news-and-publications/media-releases/media-release/singapore-citizen-s-passport-cancelled-investigated-for-possible-offences-for-breaching-stay-home-notice-requirements.

12. "Excerpts from an Interview."

13. Derek Wong, "Singapore Public Transport System Tops Global List," *Straits Times*, August 23, 2018, http://www.straitstimes.com/singapore/transport/spore-public-transport-system-tops-global-list.

14. "Prime Minister's Press Conference Held on 26th August, 1965."

15. "MOM's Vision, Mission and Values," Ministry of Manpower, Government of Singapore, last updated February 21, 2020, www.mom.gov.sg/about-us/vision-mission-and-values.

## 第 2 章

1. Sahil Lavingia, "Reflecting on My Failure to Build a Billion-Dollar Company," *Marker*, February 7, 2019, http://medium.com/s/story/reflecting-on-my-failure-to-build-a-billion-dollar-company-b0c31d7db0e7.

2. Lizette Chapman, "Beepi Raising 'Monster Round' to Scale Used-Car Marketplace," *Wall Street Journal*, May 29, 2015, http://blogs.wsj.com/venturecapital/2015/05/29/beepi-raising-monster-round-to-scale-used-car-marketplace/.

3. Mary Ellen Biery, "The Big Impact of Small Businesses: 9 Amazing Facts," *Forbes*, October 22 2017, http://www.forbes.com/sites/sageworks/2017/10/22/the-big-impact-of-small-businesses-9-amazing-facts/.

4. Robert Longley, "How Small Business Drives U.S. Economy," ThoughtCo, updated January 2, 2020, http://www.thoughtco.com/how-small-business-drives-economy-3321945.

5. Jeffrey S. Passel and D'Vera Cohn, "Immigration Projected to Drive Growth in U.S. Working-Age Population through at least 2035," Pew Research Center, March 8, 2020, http://www.pewresearch.org/fact-tank/2017/03/08/immigration-projected-to-drive-growth-in-u-s-working-age-population-through-at-least-2035/.

6. US Census Bureau, "Older People Projected to Outnumber Children for the First Time in U.S. History," release no. CB18-41, last revised October 8, 2019, http://www.census.gov/newsroom/press-releases/2018/cb18-41-population-projections.html.

7. Clayton M. Christensen, The Innovator's Dilemma: *When New Technologies Cause Great Firms to Fail* (Boston: Harvard Business Review Press, 2016).

8. Associated Press, "Mary Gates, 64, Helped Her Son Start Microsoft," *New York Times*, June 11, 1994, https://www.nytimes.com/1994/06/11/obituaries/mary-gates-64-helped-her-son-start-microsoft.html; and Alex Planes, "How IBM Created the Future of the PC—and Almost Destroyed Its Own," Motley Fool, August 12, 2013, http://www.fool.com/investing/general/2013/08/12/how-ibm-created-the-future-of-the-pc-and-almost-de.aspx.

9. James Wallace and Jim Erickson, *Hard Drive: Bill Gates and the Making of the Microsoft Empire* (Chichester, UK: Wiley, 1993), http://www.e-reading.club/bookreader.php/1020153Wallace_-_Hard_Drive_Bill_Gates_and_the_Making_of_the_Microsoft_Empire.html.

10. Chethan Sathya, "Why Would Hospitals Forbid Physicians and Nurses from Wearing Masks?" *Scientific American*, March 26, 2020, http://blogs.scientificamerican.com/observations/why-would-hospitals-forbid-physicians-and-nurses-from-wearing-masks/.

## 第 3 章

1. Shannon Schuyler and Abigail Brennan, *Putting Purpose to Work: A Study of Purpose in the Workplace*, PwC, June 2016, http://www.pwc.com/us/en/purpose-workplace-study.html; and Aaron Hurst et al., *Purpose at Work: 2016 Workforce Purpose Index*, LinkedIn and Imperative, 2016, https://cdn.imperative.com/media/public/Global_Purpose_Index_2016.pdf.

2. Josh Linkner, *The Road to Reinvention: How to Drive Disruption and Accelerate Transformation* (San Francisco, Jossey-Bass, 2014).

3. Jeffrey H. Dyer, Hall Gregersen, and Clayton M. Christensen, "The Innovator's DNA," Harvard Business Review, December 2009, http://hbr.org/2009/12/the-innovators-dna.

## 第 4 章

1. Abhijit V. Banerjee and Esther Duflo, *Poor Economics: Barefoot Hedge-Fund Managers, DIY Doctors and the Surprising Truth about Life on Less Than $1 a Day* (London: Penguin, 2012).

2. Muhammad Yunus, "Sacrificing Microcredit for Megaprofits," *New York Times*, January 14, 2011, http://www.nytimes.com/2011/01/15/opinion/15yunus.html.

3. Lydia Polgreen and Vikas Bajaj, "India Microcredit Faces Collapse from Defaults," *New York Times*, November 17, 2010, http://www.nytimes.com/2010/11/18/world/asia/18micro.html.

4. Ev Williams, "Our Approach to Member-Only Content," *3 Min Read* (blog), Medium, March 22, 2017, http://blog.medium.com/our-approach-to-member-only-content-cfce188261d1.

5. Laura Hazard Owen, (March 25, 2019). "The Long, Complicated, and Extremely Frustrating History of Medium, 2012-Present" Nieman Lab, March 25, 2019, http://www.niemanlab.org/2019/03/the-long-complicated-and-extremely-frustrating-history-of-medium-2012-present/.

6. Klaus Klemp and Keiko Ueki-Polet, eds., *Less and More: The Design Ethos of Dieter Rams* (Berlin: Die Gestalten Verlag, 2011); and Sophie Lovell, *The Work of Dieter Rams: As Little Design as Possible* (London: Phaidon, 2011).

7. Kate Moran, "The Aesthetic-Usability Effect," Nielsen Norman Group, January 29, 2017, http://www.nngroup.com/articles/aesthetic-usability-effect/.

8. Kate Moran, "The Impact of Tone of Voice on Users' Brand Perception," Nielsen Norman Group, August 7, 2016, http://www.nngroup.com/articles/tone-voice-users/.

9. デザインを通じて感情的な反応を引き出すという点についてはDon Normanの*Emotional Design and Aaron Walter's Designing for Emotion*も参照。

10. Netflix Inc., Mailing and response envelope, US Patent US6966484B2, filed September 16, 2002, and issued November 22, 2005.

11. Sam Levin, "Squeezed Out: Widely Mocked Startup Juicero Is Shutting Down," *Guardian*, September 1, 2017, http://www.theguardian.com/technology/2017/sep/01/juicero-silicon-valley-shutting-down.

## 第 5 章

1. Nathaniel Koloc, "Let Employees Choose When, Where, and How to Work," *Harvard Business Review*, November 10, 2014, http://hbr.org/2014/11/let-employees-choose-when-where-and-how-to-work; and LRN, *The How Report: A Global Empirical Analysis of How Governance, Culture, and Leadership Impact Performance*, 2014, https://howmetrics.lrn.com.

## 第 6 章

1. そのような測定は質の評価も含み、継続的な改善すべき箇所を知るためにユーザーアンケートや使用状況の観察などをつづけなければならない可能性もあることを忘れてはならない。

2. Lisa D. Ordonez et al., "Goals Gone Wild: The Systematic Side Effects of Overprescribing Goal Setting," *Academy of Management Perspectives* 23, no. 1 (2009): 6-16, http://doi.org/10.5465/amp.2009.37007999.

3. Christopher Earley, Terry Connolly, and Göran Ekegren, "Goals, Strategy Development, and Task Performance: Some Limits on the Efficacy of Goal Setting," *Journal of Applied Psychology* 74 (1989): 24-33.

4. Barry M. Staw and Richard D. Boettger, "Task Revision: A Neglected Form of Work Performance," *Academy of Management Journal* 33, no. 3 (1990): 534-559, www.jstor.org/stable/256580.

5. Ordonez et al., "Goals Gone Wild," 6-16.

6. Maurice E. Schweitzer, Lisa Ordonez, and Bambi Douma, "Goal Setting as a Motivator of Unethical Behavior," *Academy of Management Journal* 47, no. 3 (2004): 422-432.

7. Roger Lowenstein, "How Lucent Lost It," *MIT Technology Review*, February 1, 2005, http://www.technologyreview.com/2005/02/01/231676/how-lucent-lost-it/.

8. Jack Kelly, "Wells Fargo Forced to Pay $3 Billion for the Bank's Fake Account Scandal," *Forbes*, February 24, 2020, http://www.forbes.com/sites/jackkelly/2020/02/24/wells-fargo-forced-to-pay-3-billion-for-the-banks-fake-account-scandal.

9. Edwin A. Locke and Gary P. Latham, *A Theory of Goal Setting and Task Performance* (Englewood Cliffs, NJ: Prentice Hall, 1990).

10. Evan I. Schwartz, "Laszlo Bock: Divorce Compensation from OKRs: Using OKRs to Power Growth, Engagement, and Diversity," *What Matters*, December 28, 2018, http://www.whatmatters.com/articles/laszlo-bock-divorce-compensation-from-okrs/.

11. Johanna Bolin Tingvall, "Why Individual OKRs Don't Work for Us," *Spotify HR Blog*, August 15, 2016, http://hrblog.spotify.com/2016/08/15/our-beliefs/.

## 第 7 章

1. Ben Wigert, "Employee Burnout: The Biggest Myth," Gallup, March 13, 2020, http://www.gallup.com/workplace/288539/employee-burnout-biggest-myth.aspx.

2. Daniel Pink, Drive: *The Surprising Truth about What Motivates Us* (Edinburgh: Canongate, 2018).

3. Anna Wiener, *Uncanny Valley* (London: HarperCollins UK, 2021).

4. Gallup Inc., "How to Prevent Employee Burnout," Gallup.com, September 11, 2020, http://www.gallup.com/workplace/313160/preventing-and-dealing-with-employee-burnout.aspx.

5. Margaret Heffernan, "Forget the Pecking Order at Work," TED, May 2015, http://www.ted.com/talks/margaret_heffernan_why_it_s_time_to_forget_the_pecking_order_at_work; and David Sloan Wilson, "When the Strong Outbreed the Weak: An Interview with William Muir," *This View of Life*, July 22, 2016, https://thisviewoflife.com/when-the-strong-outbreed-the-weak-an-interview-with-william-muir/.

6. Anita Williams Woolley et al., "Evidence for a Collective Intelligence Factor in the Performance of Human Groups," *Science* 330, no. 686 (2010): 686-688.

7. Maria Nokkonen, "Make Mental Strength Your Strongest Skill—the All Blacks Way," GamePlan A, March 1, 2017, http://www.gameplan-a.com/2017/03/make-mental-strength-your-strongest-skill/.

8. Vivian Hunt, Dennis Layton, and Sara Prince, "Why Diversity Matters," McKinsey & Company, January 1, 2015, http://www.mckinsey.com/business-functions/organization/our-insights/why-diversity-matters.

9. Monica Anderson, "Black STEM Employees Perceive a Range of Race-Related Slights and Inequities at Work," Pew Research Center, January 10, 2018, http://www.pewresearch.org/fact-tank/2018/01/10/black-stem-employees-perceive-a-range-of-race-related-slights-and-inequities-at-work/.

10. Christian E. Weller, "African Americans Face Systematic Obstacles to Getting Good Jobs," Center for American Progress, December 5, 2019, http://www.americanprogress.org/issues/economy/reports/2019/12/05/478150/african-

americans-face-systematic-obstacles-getting-good-jobs/.

11. Anderson, "Black STEM Employees."

12. Amy Edmondson, "Psychological Safety and Learning Behavior in Work Teams," *Administrative Science Quarterly* 44, no. 2 (June 1999): 350-383.

13. Amy C. Edmondson, "Managing the Risk of Learning: Psychological Safety in Work Teams," in *International Handbook of Organizational Teamwork and Cooperative Working*, eds. Michael West, Dean Tjasvold, and Ken Smith (Chichester, UK: Wiley, 2003), 255-275, https://www.hbs.edu/faculty/Publication%20Files/02-062_0b5726a8-443d-4629-9e75-736679b870fc.pdf.

14. Kim Scott, *Radical Candor: Be a Kick-Ass Boss without Losing Your Humanity* (New York: St. Martin's, 2019).

# 第 8 章

1. Tim Bray, "Bye, Amazon," *Ongoing by Tim Bray* (blog), April 29, 2020, http://www.tbray.org/ongoing/When/202x/2020/04/29/Leaving-Amazon.

2. See http://www.techforgood.global.

3. David Autor and Anna Salomons, "Is Automation Labor ShareDisplacing? Productivity Growth, Employment, and the Labor Share," *Brookings Papers on Economic Activity* 2018, no. 1 (Spring 2018): 1-87, http://doi.org/10.1353/eca.2018.0000.

4. Nick Yee, "7 Things We Learned about Primary Gaming Motivations from Over 250,000 Gamers," Quantic Foundry, December 15, 2016, http://quanticfoundry.com/2016/12/15/primary-motivations/.

5. Prodigy Game, "What Is Prodigy Math Game?" Vimeo, posted December 17, 2015, https://vimeo.com/149299234.

6. Prodigy Education, "Prodigy Memberships," YouTube video, posted August 20, 2018, https://youtu.be/GHiqNI-_OT8.

7. Arielle Pardes, "This Dating App Exposes the Monstrous Bias of Algorithms," *Wired*, May 25, 2019, http://www.wired.com/story/monster-match-dating-app/.

8. Will Knight, "The Apple Card Didn't 'See' Gender—and That's the Problem," *Wired*, November 19, 2019, http://www.wired.com/story/the-apple-card-didnt-see-genderand-thats-the-problem/.

9. Julia Carpenter, "Google's Algorithm Shows Prestigious Job Ads to Men, but Not to Women. Here's Why That Should Worry You," *Washington Post*, July 6, 2015, http://www.washingtonpost.com/news/the-intersect/wp/2015/07/06/googles-algorithm-shows-prestigious-job-ads-to-men-but-not-to-women-heres-why-that-should-worry-you/.

10. Rebecca Heilweil, "Artificial Intelligence Will Help Determine If You Get Your Next Job," *Vox*, December 12, 2019, http://www.vox.com/recode/2019/12/12/20993665/artificial-intelligence-ai-job-screen.

11. Karen Hao, "AI Is Sending People to Jail—and Getting It Wrong," *MIT Technology Review*, January 21, 2019, http://www.technologyreview.com/2019/01/21/137783/algorithms-criminal-justice-ai/.

12. Cade Metz and Daisuke Wakabayashi, "Google Researcher Says She Was Fired over Paper Highlighting Bias in A.I.," *New York Times*, December 3, 2020, https://www.nytimes.com/2020/12/03/technology/google-researcher-timnit-gebru.html.

13. Kevin Kelleher, "Gilded Age 2.0: U.S. Income Inequality Increases to Pre-Great Depression Levels" *Fortune*, February 13, 2019, http://fortune.com/2019/02/13/us-income-inequality-bad-great-depression/.

14. Alexia Fernández Campbell, "The Recession Hasn't Ended for Gig Economy Workers," *Vox*, May 28, 2019, http://www.vox.com/policy-and-politics/2019/5/28/18638480/gig-economy-workers-wellbeing-survey; and Charlotte Jee, "Coronavirus Is Revealing the Gig Economy's Sharp Inequalities," *MIT Technology Review*,

March 12, 2020, http://www.technologyreview.com/s/615350 /coronavirus-covid19-gig-economys-sharp-inequalities-tech-business/.

15. Eduardo Porter, "Tech Is Splitting the U.S. Work Force in Two," *New York Times*, February 4, 2019, http://www.nytimes.com/2019/02/04/business/economy/productivity-inequality-wages.html.

16. David Autor and Anna Salomons, "Is Automation Labor-Displacing? Productivity Growth, Employment, and the Labor Share," *Brookings Papers on Economic Activity: BPEA ConferenceDrafts, March 8-9, 2018*, February 27, 2018.

17. S&P Dow Jones Indices, "S&P 500 Buybacks Up 3.2% in Q4 2019; Full Year 2019 Down 9.6% from Record 2018, as Companies Brace for a More Volatile 2020," PR *Newswire*, March 24, 2020, http://www.prnewswire.com/news-releases/sp-500-buybacks-up-3-2-in-q4-2019-full-year-2019-down-9-6-from-record-2018-as--companies-brace-for-a-more-volatile-2020--301028874.html.

18. Jonathan Krieckhaus et al., "Economic Inequality and Democratic Support," *Journal of Politics* 76, no. 1 (2013): 139-151, http://www.jstor.org/stable/10.1017/s0022381613001229.

19. Jennifer McCoy, Tahmina Rahman, and Murat Somer, "Polarization and the Global Crisis of Democracy: Common Patterns, Dynamics, and Pernicious Consequences for Democratic Polities," *American Behavioral Scientist* 62, no. 1 (2018): 16-42, http://doi.org/10.1177/0002764218759576.

20. Michael H. Goldhaber, "Attention Shoppers!" *Wired*, December 1, 1997, http://www.wired.com/1997/12/es-attention/.

21. Zahra Vahedi and Alyssa Saiphoo, "The Association between Smartphone Use, Stress, and Anxiety: A Meta-Analytic Review," *Stress and Health* 34, no. 3 (2018): 347-358, http://doi.org/10.1002/smi.2805.

22. Edward Bullmore, *The Inflamed Mind: A Radical New Approach to Depression* (New York: Picador, 2019).

23. Nicholas Carr, *The Shallows: What the Internet Is Doing to Our Brains* (New York: W. W Norton, 2020).

24. Steve Lohr, "It's True: False News Spreads Faster and Wider. And Humans Are to Blame," *New York Times*, March 8, 2018, http://www.nytimes.com/2018/03/08/technology/twitter-fake-news-research.html; and Ana P. Gantman, William J. Brady, and Jay Van Bavel, "Why Moral Emotions Go Viral Online," *Scientific American*, August 20 2019, http://www.scientificamerican.com/article/why-moral-emotions-go-viral-online/.

25. Eric Meyerson, "YouTube Now: Why We Focus on Watch Time," *YouTube Official Blog*, August 10, 2012, http://youtube-creators.googleblog.com/2012/08/youtube-now-why-we-focus-on-watch-time.html.

26. Conor Friedersdorf, "YouTube Extremism and the Long Tail," *Atlantic*, March 12, 2018, http://www.theatlantic.com/politics/archive/2018/03/youtube-extremism-and-the-long-tail/555350/.

27. Caroline O'Donovan et al., "We Followed YouTube's Recommendation Algorithm down the Rabbit Hole," *BuzzFeed News*, January 24, 2019, http://www.buzzfeednews.com/article/carolineodonovan/down-youtubes-recommendation-rabbithole; and Manoel H. Ribeiro et al., "Auditing Radicalization Pathways on YouTube," *Proceedings ofthe 2020 Conference on Fairness, Accountability, and Transparency* (2020): 131-141.

28. Guillaume Chaslot, "How Algorithms Can Learn to Discredit 'the Media,'" *Medium*, February 1, 2018, http://medium.com/@guillaumechaslot/how-algorithms-can-learn-to-discredit-the-media-d1360157c4fa.

29. Chaslot.

30. Andy Greenberg, "WhatsApp Comes under New Scrutiny for Privacy Policy, Encryption Gaffs," Forbes, February 21, 2014, http://www.forbes.com/sites/andygreenberg/2014/02/21/whatsapp-comes-under-new-scrutiny-for-privacy-policy-encryption-gaffs.

31. "Google Organic CTR History." Advanced

Web Ranking, updated February 2021, www. advancedwebranking.com/ctrstudy/.

32. Katy Waldman, "Facebook's Unethical Experiment," *Slate*, June 28, 2014, http://slate. com/technology/2014/06/facebook-unethical-experiment-it-made-news-feeds-happier-or-sadder-to-manipulate-peoples-emotions.html.

33. Robert M. Bond et al., "A 61-Million-Person Experiment in Social Influence and Political Mobilization," *Nature* 489, no. 7415 (2012): 295-298, http://doi.org/10.1038/nature11421; and Carole Cadwalladr, "'I Made Steve Bannon's Psychological Warfare Tool': Meet the Data War Whistleblower," *Guardian*, March 18, 2018, http:// www.theguardian.com/news/2018/mar/17/data-war-whistleblower-christopher-wylie-faceook-nix-bannon-trump.

34. Jeffrey H. Dryer, Hal Gregersen, and Clayton M. Christensen, "The Innovator's DNA," *Harvard Business Review*, December 2009, http://hbr. org/2009/12/the-innovators-dna.

35. Levi Boxell, Matthew Gentzkow, and Jesse M. Shapiro, "Cross-Country Trends in Affective Polarization," *National Bureau of Economic Research* (2020), http://doi.org/10.3386/w26669.

36. Michael Sainato, "The Americans Dying Because They Can't Afford Medical Care," *Guardian*, January 7, 2020, http://www.theguardian.com/us-news/2020/jan/07/americans-healthcare-medical-costs.

37. Samuel L. Dickman, David U. Himmelstein, and Steffie Woolhandler, "Inequality and the Health-Care System in the USA," *Lancet* 389, no. 10077 (2017): 1431-1441, https://doi.org/10.1016/S0140-6736(17)30398-7.

38. K. Robin Yabroff et al., "Prevalence and Correlates of Medical Financial Hardship in the USA," *Journal of General Internal Medicine* 34 (2019): 1494-1502, https://doi.org/10.1007/s11606-019-05002-w.

## 第 9 章

1. Hannah Ritchie and Max Roser, "Technology Adoption," Our World in Data, 2017, https://
ourworldindata.org/technology-adoption. Data source: Diego A. Comin and Bart Hobijn and others, "Technology Adoption in US Households," *Our World in Data*, 2004, latest data update July 27, 2019, http://ourworldindata.org/grapher/technology-adoption-by-households-in-the-united-states.

2. Arielle Pardes, "This Dating App Exposes the Monstrous Bias of Algorithms," *Wired*, May 25, 2019, http://www.wired.com/story/monster-match-dating-app/.

3. Office of the Privacy Commissioner of Canada. "WhatsApp's Violation of Privacy Law Partly Resolved after Investigation by Data Protection Authorities," January 28, 2013, news release, http://www.priv.gc.ca/en/opc-news/news-and-announcements/2013/nr-c_130128/.

4. Dino Grandoni, "WhatsApp's Biggest Promise May Get Broken with Facebook Deal," *HuffPost*, March 10, 2014, http://www.huffpost.com/entry/facebook-whatsapp-privacy_n_4934639.

5. Dave Lee, "Amazon's Next Big Thing May Redefine Big," BBC News, June 15, 2019, http://www.bbc.com/news/technology-48634676.

6. Commonwealth of Massachusetts v. Purdue Pharma L.P., et al. First Amended Complaint and Jury Demand, Civil Action No. 1884-cv-01808 (BLS2), January 31, 2019, http://www.mass.gov/files/documents/2019/01/31/Massachusetts%20AGO%20Amended%20Complaint%202019-01-31.pdf.

7. Milton Friedman, "A Friedman Doctrine—the Social Responsibility of Business Is to Increase Its Profits," *New York Times*, September 13, 1970, http://www.nytimes.com/1970/09/13/archives/a-friedman-doctrine-the-social-responsibility-of-business-is-to.html.

8. Francesco Guerrera, "Welch Condemns Share Price Focus," *Financial Times*, March 12, 2009, http://www.ft.com/content/294ff1f2-0f27-11de-ba10-0000779fd2ac.

9. Dominic Rushe, "Deepwater Horizon: BP Got 'Punishment It Deserved' Loretta Lynch

Says," *Guardian*, October 5, 2015, http://www.theguardian.com/environment/2015/oct/05/deepwater-horizon-bp-got-punishment-it-deserved-loretta-lynch-says.

10. Jim Morrison, "Air Pollution Goes Back Way Further Than You Think," *Smithsonian*, January 11, 2016, http://www.smithsonianmag.com/science-nature/air-pollution-goes-back-way-further-you-think-180957716/.

11. Simon Caulkin, "Ethics and Profits Do Mix," *Guardian*, April 19, 2003, http://www.theguardian.com/business/2003/apr/20/globalisation.corporateaccountability.

12. Daniel H. Pink, *Drive: The Surprising Truth about What Motivates Us* (Edinburgh: Canongate, 2018).

13. James K. Rilling et al., "Opposing BOLD Responses to Reciprocated and Unreciprocated Altruism in Putative Reward Pathways," *NeuroReport* 15, no. 16 (2004): 2539-2243, http://doi.org/10.1097/00001756-200411150-00022.

14. Daeyeol Lee, "Game Theory and Neural Basis of Social Decision Making," *Nature Neuroscience* 11 (2008): 404-409.

15. Joseph Adamczyk, "Homestead Strike" *Encyclopædia Britannica*, updated March 4, 2020, http://www.britannica.com/event/Homestead-Strike; and Christopher Klein, "Andrew Carnegie Claimed to Support Unions, but Then Destroyed Them in His Steel Empire," History.com, July 29, 2019, http://www.history.com/news/andrew-carnegie-unions-homestead-strike.

16. Benjamin I. Page, Larry M. Bartels, and Jason S. Wright, "Democracy and the *Policy Preferences* of Wealthy Americans," Perspectives on Politics 11, no. 1 (2013): 51-73, http://doi.org/10.1017/s153759271200360x.

17. Klaus Schwab, "Davos Manifesto 2020: The Universal Purpose of a Company in the Fourth Industrial Revolution," World Economic Forum, December 2, 2019, https://www.weforum.org/agenda/2019/12/davos-manifesto-2020-the-universal-purpose-of-a-company-in-the-fourth-industrial-revolution/.

18. Jim Loehr, "4 Rules to Craft a Mission Statement That Shapes Corporate Culture," *Fast Company*, May 8, 2012, http://www.fastcompany.com/1836576/4-rules-craft-mission-statement-shapes-corporate-culture.

19. Luisa Beltran, "WorldCom Files Largest Bankruptcy Ever," CNN Money, July 22, 2002, http://money.cnn.com/2002/07/19/news/worldcom_bankruptcy/.

20. Wikipedia, s.v., "Enron Code of Ethics," last modified December 13, 2020, 00:49, https://en.wikipedia.org/wiki/Enron_Code_of_Ethics.

21. Hilary Andersson, "Social Media Apps Are 'Deliberately' Addictive to Users," BBC News, July 4, 2018, http://www.bbc.com/news/technology-44640959.

## 終章

1. Monetary Authority of Singapore and industry contributors, *Principles to Promote Fairness, Ethics, Accountability and Transparency (FEAT) in the Use of Artificial Intelligence and Data Analytics in Singapore's Financial Sector*, updated February 7, 2019, https://www.mas.gov.sg/~/media/MAS/News%20and%20Publications/Monographs%20and%20Information%20Papers/FEAT%20Principles%20Final.pdf.

2. Betsy Beyer et al., eds., *Site Reliability Engineering: How Google Runs Production Systems* (Sebastopol, CA: O'Reilly, 2016).

3. Margaret H. Hamilton, "What the Errors Tell Us," *IEEE Software* 35, no. 5 (September/October 2018): 32-37, 2018, https://doi.org/10.1109/MS.2018.290110447.

4. Browder v. Gayle, 142 F. Supp. 707 (M.D. Ala. 1956), https://catalog.archives.gov/id/279205.

# 著者・監訳者・訳者紹介

### 著者：ラディカ・ダット（Radhika Dutt）

起業家。プロダクトリーダー。4件の企業買収にかかわり、そのうちの2件は自ら起業。現在はシンガポール金融管理局でラディカル・プロダクト・シンキングに関するアドバイザーとして活動。また、ノースイースタン大学で起業やイノベーションに関する授業を受け持つかたわら、さまざまなスタートアップでアドバイザー活動も行っている。MITにおいて電気工学分野で学士号と修士号を取得。9つの言語を話し、現在さらに新たな言語の習得にチャレンジしている。
MIT在学中に最初の企業「ロビー7」を共同創業。のちにアビッドへ移籍し、デジタルメディアのためのプロダクト群を開発してニュースの発信方法を刷新し、同社の放送事業の拡大に貢献。その後、スターレント・ネットワークス（Starent Networks）という通信スタートアップの戦略を担当。続いて、消費者に「ワインのネットフリックス」を提供する目的でライクリーを立ち上げた後、アラント（Allant）でテレビ広告用のSaaSプロダクトの開発を率いた。

### 監訳者：曽根原春樹（そねはら・はるき）

NASDAQ、NYSE上場の大手外資系企業でエンジニア、セールス、コンサルティング、マーケティング、カスタマーサポートと様々な役職をこなし、各ポジションで表彰歴あり。現在シリコンバレーに在住16年目(執筆時)。サンフランシスコの米系スタートアップでは、180カ国にグローバル展開するB2CアプリのHead of Product Managementを務めた後、日本発ユニコーン企業のSmartNews社にてプロダクトの米国市場展開をリード。現在は世界最大のビジネスSNS・LinkedInの米国本社にてシニアプロダクトマネージャーを務める。シリコンバレーの大企業・スタートアップのプロダクトマネジメントをB2B・B2C双方で経験し、これを元にしたUdemyでのプロダクトマネジメント講座の受講者は8000人を超える。『プロダクトマネジメントのすべて』（翔泳社）の共著者の一人としてPM啓蒙活動も展開。顧問として日本の大企業やスタートアップ企業もサポートしている。
LinkedIn：https://www.linkedin.com/in/harukisonehara/
Twitter ：https://twitter.com/Haruki_Sonehara

### 訳者：長谷川圭（はせがわ・けい）

英語・ドイツ語翻訳家。高知大学卒業、イエナ大学修士課程修了。ドイツ在住。主な翻訳書に、共訳『This is Learn』（翔泳社）、『邪悪に堕ちたGAFA』（日経BP）、『脳の不調を治す食べ方』『まどわされない思考』（共にKADOKAWA）、『ポール・ゲティの大富豪になる方法』（パンローリング）などがある。

| 装丁 | 小口翔平＋畑中茜（tobufune） |
| 版面デザイン・組版 | BUCH$^{+}$ |
| 翻訳協力 | リベル |

# ラディカル・プロダクト・シンキング
## イノベーティブなソフトウェア・サービスを生み出す5つのステップ

2022 年 6 月 8 日 初版第 1 刷発行

| 著者 | ラディカ・ダット |
| 監訳者 | 曽根原 春樹 |
| 訳者 | 長谷川 圭 |
| 発行人 | 佐々木 幹夫 |
| 発行所 | 株式会社 翔泳社（https://www.shoeisha.co.jp/） |
| 印刷・製本 | 中央精版印刷株式会社 |

ISBN978-4-7981-7492-1                    Printed in Japan